きずなと思いやりが日本をダメにする

最新進化学が解き明かす「心と社会」

長谷川眞理子
対談
山岸俊男

集英社インターナショナル

きずなと思いやりが日本をダメにする

最新進化学が解き明かす「心と社会」

第1章 「心がけ」「お説教」では社会は変わらない 9

第2章 サバンナが産み出した「心」 43

写真提供　アマナイメージズ
　　　　　ゲッティイメージズ
装丁・本文デザイン　大森裕二
図版製作　竹中　誠
編集協力　岡田仁志

第1章

「心がけ」「お説教」では社会は変わらない

デカルト以来の人間観を書き換えた進化研究

山　岸　長谷川先生、今日は「対談をしたい」という私のリクエストに応《こた》えていただいて本当にありがとうございます。

長谷川　いえいえ、山岸先生とこうやってお話しできるのは本当に楽しいし、学者として刺激にもなるので大歓迎ですよ。

山　岸　それはこちらも同じです。私は社会心理学で、長谷川先生は進化生物学、行動生態学と専門分野は一見すると大きく違うようだけれども、実は本質的な部分での問題意識やテーマ設定は共通で、だからいくらお話ししていても飽きない。

長谷川　そういえば、私がケンブリッジにいたとき、山岸先生が私たちの家を訪ねてくださったことがありましたね。

山　岸　あれは何年前だったか……私がオックスフォード大学で講演することになったときに伺《うかが》ったんですよね。

長谷川　あのときのことは今でもよく夫の壽一《としかず》（東京大学教授、行動生態学・進化学）と話をして懐かしがっていますよ。

山　岸　眞理子さんと壽一さんがフランスから持ち帰ったワインを飲みながら、いろんなことを話しましたね。

山　岸　そうそう、あっという間にワインが一本空になって。

長谷川　もう少しおいしいワインがありますからということで、二本目が出てきた。とてもおいしかったです。

山　岸　それも気がついたら空になっていて。

長谷川　三本目は本当に本当においしいワインでした。

山　岸　ワインもとてもおいしかったけど、話のほうがもっと楽しかった。

長谷川　そのときの思い出を私の担当者である集英社インターナショナルのＳくんによく話していたら「そんなに長谷川先生と話が合うんだったら対談したらどうですか」と提案されたんです。

山　岸　まあ、それは光栄ですね。

長谷川　いや、正直言うと、私が研究している社会心理学についてはこれまでも何冊も本を出してきました。それらは幸いにしてたくさんの読者に読まれているんですが、しかし、そこでの知見がどれだけ社会に影響を与えているかと考えると、まだまだ心許ないという気がするんです。

そこでＳくんとはかねてから「どうやったら今よりももっと多くの人に読んでもらえる本を作れるだろう」とディスカッションをしてきた。でも、私がやるとどうしても、堅い方向に行ってしまう。これは私の性格も関係していると思うのですが、私自身が書くとロジカルな展開になるし、また、言葉の定義も厳密にしたくなるので、どうしても一般向きにならない。それで私もＳ

くんも困っていたんですが、そこに「救いの女神」が現われたというわけなんです。

私一人だと堅苦しく、きまじめになってしまうけれども、いつも当意即妙《とういそくみょう》な受け答えをしてくださる長谷川先生との対談という形ならば、話に広がりが出てくるし、読者にも楽しんでもらえるのではないかと考えたわけです。


長谷川　責任重大ね。

でも、「なかなか伝わらない」という思いは私も共有しています。私の専門は行動生態学、進化生物学ということになっていますが、私の研究も結局は「ヒトとは何か」、さらに言えば「ヒトの社会とは何なのか」ということを考えていくもので、現代の世界に直結するテーマですし、ここ数十年の進化研究の発展はデカルト以来の人間観を完全に書き換えていると言っても過言ではありません。

ただ、そうした知見がはたしてどれだけ社会に還元されているかと考えると、忸怩《じくじ》たる思いがありますね。

お説教で済めば政治は要《い》らない

山　岸　長谷川先生は国の行政委員会や諮問《しもん》会議などでもお仕事をなさっていますが、けっこうストレスが溜まっていらっしゃるようで……。

長谷川　本当にそう！　これはどこの国の政治でも同じなのかもしれませんが、政治家や役人の考え方は科学からひじょうに遠いと思いますよ。

山　岸　分かります、分かります。私の用語で言うと「心でっかち」というやつですね。すべての社会問題の原因を客観的、科学的に捉えるのではなくて、安易に「心」に求める傾向はますます広がっているように思います。

長谷川　何でもお説教すれば問題解決するというのだったら政治なんか要《い》りません。スローガンを町中に貼っておけばいいということですからね。スローガンや精神運動ではどうにもならないからこそ政治の出番なのに困ったことです。

山　岸　そもそも社会科学は、個人レベルの行動や心がけをいくら変えても社会が変わるというわけではないというところから出発しています。

たとえば誰だって戦争で死ぬのはいやでしょう。家族や知り合いが戦争で死ぬのを喜ぶ人はいません。平和の願いは万人に共通なのに、なぜ戦争が起きるのか。一人一人の気持ちや心がけとは関係なく戦争は起きます。

あるいは誰だって不景気はいやです。戦争を望む人はひょっとしているかもしれませんが、わざと不景気にしてやろうとする人はめったにいませんよね。でも、それでも好況は永遠には続かず、やがて不況がやってくる。それはいったいなぜなのか。

その仕組みというかメカニズムを解明しようとするから、経済学や社会学などを総称して社会科学と言うんです。

長谷川　ことに近年では、社会科学と自然科学とがたがいに接近してきて、その共同作業の中でさまざまな社会現象に対する理解が飛躍的に深まっています。

山　岸　だからこそ、私と長谷川先生との間に対談も成り立つわけですが、こうした状況は本当にこの数十年で急速に生まれたものと言っていい。

長谷川　まさに最先端の分野だと言っていいと思いますね。

山　岸　なのに、その知見がなかなか広まっていかない。

長谷川　本当にそう！　中でも私が最近、いちばん憤っているのは少子化問題です。政治家やお役人たちの考える「少子化対策」のお粗末なこと、お粗末なこと。

少子化問題を進化から考える

山　岸　たしかに少子化問題については「心でっかち」な議論が横行していますね。「女性が働きたがるものだから子どもが生まれないんだ」とか「家族の素晴らしさを若者に教えないといけない」といった話ばかり。要するにお説教でしかない。お説教では社会問題は解決できないですよ。

長谷川　私から言わせれば、少子化問題に関する議論でいちばん欠けているのは生物学的観点、生態学的観点です。

山　岸　それは面白い指摘ですね。具体的にはどういうことなんですか。

長谷川　動物のライフサイクルをエネルギー消費という観点から考えると、大きく三つに分けられます。第一は自分自身の身体を維持したり、成長するためのエネルギー、第二は配偶者を見つけるためのエネルギー、そして第三は繁殖のためのエネルギー。

一生涯に使えるエネルギーの総量は限られているわけですから、どうしたってそのエネルギーの配分を考えなければいけません。

昆虫や魚類――たくさん卵は産むが、育児はしない

自己投資	配偶者選択	子育て投資
=生命を維持するための努力		=タラは 200 万個の卵を産む

哺乳類――少なく産んで、子育てをする

自己投資	配偶者選択	子育て
		=卵で産まずに、体内で育ててから産む。生まれた後も世話をする

注：上下のグラフはあくまでも比率を表わした、相対的なものである

山　岸　いわゆるトレード・オフの関係にあるわけですね。

長谷川　このほかに重要なのは寿命ですね。人生の限られた時間をどれだけ子育てに使うか、自分自身のために使うかも戦略として重要になってきます。

山　岸　たしかに寿命が短いと、子育てに時間を費《つい》やすことは不可能ですね。魚や昆虫の多くは卵は産みっぱなしで、「育児」はやらない。

長谷川　だから彼らの時間配分は自分への投資と配偶者選びがメインで、卵を産んだらすぐに死んでしまうわけ。その代わり、たくさんの卵を産む。そこに残りのエネルギーを傾注するわけ

です。そうすれば、たとえ外敵に食われたとしても何パーセントかは生き延びる。たとえばタラという魚の卵巣はみなさんよくご存じのようにタラコと言いますが、一体のタラの卵巣には二〇〇万個の卵が詰まっています。二〇〇万個産んで最終的に全部が育ったら、あっという間に海はタラだらけになるんですが、そうはならない。そのほとんどは成長できずに死んだり、あるいは他の魚などのエサになっている。でも、タラにとってはそのうちの二個だけがちゃんと成長すればいい。

山　岸　合計出生率が二以上でありさえすれば、タラの数は減らないわけですね。

なぜ哺乳類は「子育て」をするのか

長谷川　これに対して哺乳類はその名のとおり、子どもに乳を与えて育てるわけですから、エネルギーも時間も繁殖に多く使うという戦略を採っています。魚類や昆虫のように一回でたくさんの子ども（卵）を産むのではなくて、限られた子どもに集中的に資源（食糧）を与えるわけですね。

こうした戦略の違いはなぜ生まれるかというと、その生物の置かれた環境が関係していると考えられます。それは簡単に言えば、子どもが育つうえで、どれだけ競争が厳しいかということですね。生存環境が飽和状態であれば、自分の子どもが無事に成長するためにできるかぎりの資源を与えないといけません。

山　岸　身体を大きくして、他の個体に負けないようにしないといけないわけですね。

長谷川　そのためには子どもの数を限定して、一人の子になるべく資源を割けるようにしないといけませんし、時間をかけて育てる必要があります。哺乳類が母親の胎内で子どもをある程度大きくしてから出産するのもそのためですね。

これに対して、生存環境が飽和していない場所ではそこまでの手間や時間をかけなくてもいいから、子どもは産みっぱなしでいい。その代わりに、生き残りの確率を上げるためにたくさんの子を一度に作る――それが昆虫だったり、魚だったりするわけですね。

山　岸　たしかに海洋で暮らす魚にとっては環境が飽和するということは考えられませんね。広大な空間があるわけだから縄張り争いなんかも必要ない。

長谷川　ここまでの説明ですでにお分かりのとおり、ヒトは少なく産んで、それぞれの子に資源を集中投下するという戦略を採っています。ヒトに限らず霊長類は哺乳類の中でも子育ての期間は長いのですが、ヒトはその中でもとびっきり長い。たとえば、チンパンジーのメスは一〇歳くらいになれば妊娠・出産できるようになる。つまり、一〇歳で成人するわけですが、ヒトはそうではありません。それよりもさらに数年先の一五歳前後にならないと成人しないわけですね。

山　岸　人間の子育てはそれだけ他の動物よりも資源と時間を必要とするということですね。

本来ならばヒトの妊娠期間は三年！

長谷川　しかもヒトの場合、他の霊長類ならば未熟児と言ってもいい段階で出産します。ヒトは「十月十日《とつきとおか》」、つまり二八〇日前後で生まれてくるのですが、他の霊長類との比較で言うと、本当は三年くらい妊娠していないといけないんです。

山　岸　そんなに！　でも考えたらチンパンジーの赤ちゃんなんかは人間と違って、生まれたときからお母さんにしがみつくこともできますものね。そういうことができるように産むには人間の場合、三年妊娠していなければいけないんだ。

長谷川　しかし、それはあくまでも計算上のことで、実際にはそんなに長くお腹の中には置いておけない。というのも、ヒトの場合、チンパンジーなどより頭が大きいのでお腹の中で育ちすぎると産道を通らなくなってしまう。だから、小さい、未熟児のうちに産まないとならないんです。

山　岸　脳が発達したせいで人間は早産になってしまった。言われてみれば人間の子どもっていうのは三歳くらいになってようやく、チンパンジーの赤ちゃん並みになるのかもしれませんね。

長谷川　そしてチンパンジーが一〇歳前後で生殖可能になるのに、ヒトは最低でもそれから五年はかかる。さらに「親に頼らず、自分で食糧を調達できるようになる」という基準で考えると、先進国の場合、今や子育て期間は二〇年以上にもなっていますよね。

山　岸　日本では大学や専門学校を出るのが今や普通になっていますからね。

長谷川　ライフサイクルにおけるエネルギーと時間の配分という観点から考えると、ヒトの場合、子育てに過大なエネルギーと時間を割かなければいけない。

山　岸　人が一生のうちに使える時間とエネルギーは有限ですから、そんな手間のかかる子育てにかまけていたら、自分自身の生命維持がおろそかになってしまいますね。子どもを二人、三人と同時に育てるなんてとても無理です。

長谷川　かといって、最初の子どもが成人するまで待っていたら、生殖年齢を超えてしまいます。

山　岸　なるほど。「なのに、人類が存続しているのはなぜなのか」ということですね。

ヒトは共同繁殖の動物

長谷川　それを解決するためにヒトは「共同繁殖」をするようになったんです。

山　岸　共同繁殖という言葉は初めて聞きました。

長谷川　さっきも言ったように魚類や昆虫などは基本的に「産みっぱなし」です。つまり、いわゆる育児はしない。これに対して鳥類や哺乳類は生まれてから一人前になるまでは親が育てます。その場合、育児をするのがメス・オスどちらかの親だけの場合もあれば、両方の親が一緒に育児をする場合もありますが、基本は親が育児をやる。

山　岸　カッコウは托卵《たくらん》といって他の鳥の巣に自分の卵を産み付けるという話を聞きますが、それだって「親」が育てるのには変わりませんよね。その場合は「義理の親」ということになるんでしょうが。

長谷川　それが人間の場合、育児の担い手は親だけではない。これは人類の大きな特徴、他の動物と人間とを区別する最大の特徴の一つだと言っても過言ではありません。

山　岸　それが「共同繁殖」ということなんですね。

長谷川　その象徴が「ヒトにはおばあさんがいる」という事実です。

山　岸　おばあさん！　それは面白い。

「おばあさん」がいるのは人間だけ？

長谷川　おばあさんを「繁殖期を終えたメス」と定義するならば、実はヒト以外の動物で、おばあさんがいる例は確認されていません。ひょっとしたらクジラにはおばあさんがいるのではないかとも思われますが、繁殖能力がなくなったメスはその時点で寿命を迎えるのが通例です。

山　岸　たしかに進化という観点からすると、次の世代に自分の遺伝子を受け渡すのが生物の最大の使命ですから、その仕事が終わったら生きていても意味がない。

長谷川　もちろん繁殖能力を失ったオスも寿命を迎えるわけですが、オスは繁殖可能年齢がメスよりも長く、その間、ずっと子どもを作っているわけです。

山　岸　そうすると、オスの場合、生きている間に「子どもの子ども」、つまり孫が生まれる可能性はメスよりずっとありますね。

長谷川　ところが人間の女性の場合、閉経後の女性は自分の子どもを作る可能性はゼロなのにさらに長生きして、孫、ことによったら曽孫《ひまご》の顔を見ることができる。つまり、おばあさんになれるわけです。

ヒトにとって「おばあさん」の存在は必要不可欠なもの

山　岸　たしかに、そう考えると「おばあさん」がいるというのは実に特殊ですね。

長谷川　ではなぜヒトだけに「おばあさん」がいるのか。それはヒトの子育てはあまりに大変だからです。

　ヒトの先祖は今から二百数十万年ほど前にアフリカで生まれたと言われていますが、彼らは何らかの理由があって熱帯雨林の中では暮らせなくなった。その理由については諸説ありますが、食が豊富で、外敵からも比較的安全な森林の中で暮らせなくなったことで、ヒトはサバイバルのために脳を発達させていきます。

山　岸　聖書では、知恵の実を食べたからアダムとイブは楽園追放されたわけだけれども、実際の進化では熱帯雨林という楽園にいられなくなったから知恵を発達させた。順序が逆なんですね。

長谷川　預言者モーゼがイスラエルの民を引き連れてエジプトから脱出した物語を「出《しゅつ》エジプト」と言いますが、それになぞらえてヒトが森林から出て、ついにはアフリカ大陸の外に出たことを「出アフリカ」と呼ぶ人もいますね。

それはさておき、それ以来、ヒトの脳はどんどん大きくなっていきます。初期の人類であるアウストラロピテクスの脳の容量はおよそ四〇〇立方センチだったのが、ホモ・サピエンスになるとそれが一四〇〇立方センチにもなりました。一方で身体のサイズも大きくはなっているのですが、それを考慮に入れても今の私たちの脳は身体に比してたいへん大きいと言えます。

このことがヒトの育児に大きな影響を与えました。というのも、脳の容量が大きいために赤ちゃんが産道を通りにくくなった。しかも人間は直立歩行をしたことによって四足歩行のときとは違って産道が曲がっています。そのためにチンパンジーやゴリラと比べて、ずっと出産が困難になったわけです。

そこで先ほども触れたとおり、ヒトは未熟児同然の時期に赤ん坊を出産することになったし、また、その子どもが自立するためにはさまざまな学習もしないといけない。

山　岸　脳が大きくなったのはまさに生き延びるためですから、そこに知識や経験を蓄えないといけないわけですね。

長谷川　だからこそヒトは文明をも作り出したわけですが、しかし、成体になるまでに一五年は軽くかかるというのはやっぱり異常なことです。

山　岸　そこで「おばあさん」が必要になったと。

母性神話のウソ

長谷川　そもそもヒトは母親だけでは育児はとてもできない動物なんですね。実際、古今東西の社会を調べてみても、子育ては母親だけがやるんだという社会はどこにもありません。

山　岸　育児放棄とか児童虐待の問題で、よく「母性が足りない」とか言う人たちがいますが、そもそも母性頼みでは子どもは育たない。

長谷川　ヒトはそこで「共同で子どもを育てる」ことにした。母親の時間とエネルギーだけではとても無理なので、配偶者、家族、さらには自分の属している集団メンバーからもサポートを得て、繁殖するという戦略を採ったというわけです。

山　岸「ネコの手も借りたい」という感じですね。そこで、子育てが終わった母親、つまりおばあさんにも長生きしてもらって手伝ってもらおうということになった。

長谷川　だから「母性が足りない」とかいうお説教は何の意味もない。ヒトの子育ては「母性だけではまったく足りない」のですから。

でも、こんなこと、別に進化のことまで研究しなくても、ちょっと考えれば分かるはずですよ。なのに、役人や政治家ときたら何でもお説教や心構えで解決しようとする。だから私はいつも腹を立ててばっかりいるんです。

山　岸　長谷川先生は国のさまざまな行政委員会に出ておられるから、本当にそういう言説に接することが多いのでしょうねぇ。

統計を見ずに「心」のせいにしたがる人々

長谷川　そうした会議では毎回、山のように資料を渡されるのだけれども、肝心の議論になるとそういう印象論が平気でまかり通る。話がどんどん逸《そ》れちゃうけれども、たとえば、「土曜、日曜になるとバイク事故が増えている。これは週末になると気が緩《ゆる》むせいではないか」なんて話になるわけ。

山　岸　ちゃんと統計を見れば分かるのに、すぐに心のせいにしちゃう。それは要するにベースラインの問題でしょう。

長谷川　週末と平日で、走っているバイクの台数に違いがないかといった基本的なことを考えない。「レジャーに行くから浮ついているんだ」という精神論になっちゃう。

それだけじゃなくて、「大型バイクの事故は統計上、四〇代、五〇代に多い。中年になると運転に慣れて気が緩んでいるに違いない」なんて話になっちゃうわけ。

山　岸　何でも心のせいにしたいわけですね。

長谷川　大型バイクっていうのは排気量も多くて、それだけ価格も高いバイクということでしょう？　そんなバイクに乗れるのは経済的余裕のある中年層ですから、事故の数だけを見ていたらどうしても四〇代、五〇代が多くなるに決まっています。そこで「ちゃんと年代別の事故発生率を見たらいかがですか」と言ったら、案の定、最も事故発生率の高いのは二〇代の若者、三〇代、四〇代になると下がってきて、五〇代でちょっと上がる。現実はそんなものなのに、「中高年のバイカーは規制しないといけない」とか言っているわけです。

山　岸　統計は「心でっかち」にならないためのツールで、上手に使えばいろんなことが分かるのに、最初から心のせいにしてしまう。それでは何のために統計を取っているのか分かりませんね。

「心」で社会を解釈してはいけない

長谷川　そういえば私が一九九〇年に初めて山岸先生を研究会にお招きしたとき、先生が「社会問題は個々の『心』が原因ではない」ことの例として挙げられたのは、一九八〇年代後半に離婚率が低下した問題でした。

山　岸　一九八三年から八八年にかけて、日本の離婚率は一気に一七％ほど下がったのですが、その理由は何だろうと思いますかと問うと、そこで出てくる答えは、
「バブルの絶頂期で景気がよく、経済的な不満がないから離婚しなくなった」
「戦後の民主的な教育を受けた世代は夫婦関係が平等になり、友達のような夫婦が多くなったからだ」
「女性の自立が進んで、昔ならイヤイヤ結婚していたタイプの女性が結婚しなくなった。離婚リスクの高い人がそもそも結婚しなくなったから、離婚が減った」
と、さまざまなのですが、これらに共通しているのは「心」なんですよ。
長谷川　つまり、この時期に人々の心が変わったことが原因なんだという解釈ですね。
山　岸　でも、これらの説明はどれも間違いなんです。
では正解は何かというと、これは単純なことで、いわゆる離婚適齢期の人の数がこの時代に減ったのです。統計的に見ると、そもそも離婚が多いのは結婚後だいたい五年くらいまでのカップルで、それ以後は減る。
長谷川　この相手とはうまく行かないというのが分かるのにはそんなに時間がかかりませんものね。だから、たいていの離婚は結婚五年以内に起きる。それまで我慢できたら、その後も我慢できるとも言えますね。
山　岸　なぜ離婚適齢期の人が減ったかというと、それは団塊の世代と関係があります。いわゆ

る団塊の世代というのは一九四七年から四九年生まれの世代を指しますが、その人たちが結婚したのはだいたい一九七〇年から八〇年にかけてのことで、だから七〇年代後半から八〇年代初頭にかけては離婚するカップルの数が激増し、離婚率も上昇した。

長谷川　その離婚ラッシュが落ち着いたのは一九八三年以後。だから離婚率も減った。それだけのことなんだけれども、事実関係を確かめるよりも先に心のほうに原因を求めてしまうわけですね。もう本当にそういうことの連続で、いつも私はお役所の会議でうんざりしているんです。

山　岸　心から同情申し上げます。

出産立会人はなぜ必要か

長谷川　えっと、そもそも何の話をしていたのでしたっけ。ああ、そうそう、ヒトにはなぜおばあさんがいるのかということを言っていたんでしたね。

山　岸　共同繁殖の話です。

長谷川　何しろ二〇歳になるまで独り立ちできないような子どもの面倒を見て、しかも、生活を成り立たせるなんて、これは母親だけではとても無理。と言っても、では父親がそこで協力をすれば育児ができるかというと、実はそれだけでもダメなんです。

山　岸　そこでおばあさんの出番になるわけですね。

長谷川　正確には、おばあさんの助けも要る。
山　岸　なるほど、おばあさんだけではまだ足らない。
長谷川「人間は社会的動物である」とよく言われますが、それは単にみんなで協力し合わないと食べていけないということだけではなくて、子育てにおいても言えることなんです。
山　岸　つまり、ヒトは社会の力を借りて子どもを育てる動物である。
長谷川　逆に言うと、他者からの力添えを期待できなければ、子どもを作ろうという話にならない。

これには面白いデータがあるんですよ。

一九七〇年代から八〇年代にかけて、中米のグアテマラで行なわれた研究なのですが、グアテマラではドゥーラという習慣があります。ドゥーラとは分娩する産婦さんに付き添う人のことを指しますが、これはお産婆《さんば》さんとも違います。それどころか産婦の家族や縁者でなくてもいい。極端な話、まったく初対面の人であってもかまわないのね。

ではそのドゥーラとは何をするかというと、産婦と一緒にいて、話しかけ、彼女を激励し、安心させる――言ってみればそれだけなのですが、研究者たちはグアテマラの病院で分娩した初産の女性を対象に、ドゥーラがいる場合といない場合でお母さんと赤ちゃんの関係がどう違うかを調べようと考えました。

もちろん病院で出産するわけですから、ドゥーラがいてもいなくても、お医者さんや看護婦さんのケアを受けるのは同じです。ただ、お医者さんや看護婦さんは他の仕事も掛け持ちをしているわけですから、産婦さんとずっと話をしているわけではない。言い換えるならば、そこには社会的なつながりは存在しない。一方、ドゥーラは産婦さんとずっと一緒ですから、そこでは人間同士のつながり、関係が生まれます。

さて、この研究者たちが発見したのは、まずドゥーラがいる場合といない場合とでは正常分娩の発生率がぜんぜん違うということでした。彼らは正常分娩の例で比較検討しようと考えたのですが、「ドゥーラあり」の場合、二〇例の正常分娩のサンプルを得るために三三の分娩に立ち会ったのですが、「ドゥーラなし」の場合、たった二〇例のサンプルを得るのに一〇三例もの分娩に立ち会うことになった。

山　岸　つまり、ドゥーラがいないと難産が増えるというわけですか。そこまで違うとは驚きですね。

長谷川　さらに正常分娩のケースでも両者では分娩の平均時間も倍以上、違いました。「ドゥーラあり」のほうは平均八・八時間だったのに対し、「ドゥーラなし」だと一九・三時間だったのです。

当初の研究目的であった母親と新生児の関係についてもやはり違いがありました。ドゥーラの付き添いのなかった産婦のほうが新生児との接触も少なく、母親の不安感も強かった。

山　岸　たいへん興味深い話ですが、これをどういうふうに解釈すべきなんでしょうか。

長谷川　出産のプロセスは子宮が収縮することによって進むわけですが、産婦がストレスにさらされているとアドレナリンの分泌が促され、それが子宮の収縮を抑制してしまうのだろうと考えられています。

つまり、ヒトの場合、たとえ分娩が近づいていても「社会的なサポートが得られないようなところでは産まない」という生理学的メカニズムが働いているんでしょうね。

山　岸　たしかに一人っきりのところで出産したら、それこそお母さんも赤ちゃんも生命の危機にさらされますね。

長谷川　これが犬やネコだったらそんなことはありませんよね。むしろ、彼らは人目につかない、軒下《のきした》とかなどで産もうとするし、付き添いなどなくてもちゃんと産まれるわけです。

狩猟採集民の中には、ニューギニアの人々など、実際に産むときには産婦さんが一人だけになる習慣のところもあります。でも、この場合も本当に一人きりかというと、周囲のサポートがあること自体は確実なのですよ。その保障がない現代の社会では、実際にその場に付き添ってくれている人がいるかどうかはとても重要なのでしょう。

ヒトの育児は社会ぐるみで行なうもの

山　岸　育児だけでなく、出産の段階からヒトは社会的サポートを必要としているというわけなんですね。

長谷川　父親が育児に参加するかどうかは民族によって違いがありますが、しかし、どの民族でも母親だけが単独で育てるということはありません。子どもが成人するにはその家族やその社会の構成員たちのサポートがかならずある。いや、サポートがないと成長できないわけです。

山　岸　ところが今の日本は核家族になって、親族からのサポートはあまり期待できません。また個人主義的なライフスタイルが普及したので、コミュニティとのつながりが今や薄くなっている。昔だったら、困ったときには隣近所に助けを求めることもできましたが、それも誰が隣に住んでいるのか分からないような都市生活では無理というものです。

それなのに「子育ては母親の仕事」などという、誤った考えが力を持っている。ことに日本はシングルマザーに厳しい社会で、母子家庭は経済的困窮に陥りがちなのだけれども、そこで生活保護を受けたりするとかえって非難されたりする。これでは少子化になってもしょうがない。

長谷川　核家族、大家族で育てるという状況も概念も壊れたなら、シングルマザーだろうが何だろうが、子どもを育ててくれるならば大歓迎にならないといけないはず。なのに、「それはイヤだ」というのでは理屈になっていません。政府は最近になって、少子化対策として三世代同居を推進するのだと言っていますが、これも要するに「育児は家族単位で行なえ。社会的サポートには期待するな」という話で、かつての姿に戻れと言っているだけのことですよね。

でも、そもそもそれが不可能だからこんな状況になっているわけで、これでは何の対策にもなっていません。

山　岸　それも「心がけ」で解決しようというアプローチですね。なぜ今の時代、核家族が増えているのか、三世代同居がすたれたのかという原因すらきちんと考えなくて、「家族同士で助け合うのが美徳だ」といったスローガンで解決しようとする。それでは政治とは言えません。

そこで長谷川先生にお聞きしたいんですが、この少子化問題の「解決策」ってあるんでしょうか？　少子化は日本だけでなく、世界中で起きている問題、いや、現象ですよね。

少子化現象はなぜ起きるか

長谷川　今までの話だけならば、「ヒトは共同繁殖だったんだから、家族やコミュニティ総出で子育てをしよう」という結論が思いつくわけですが、実際はそんなに簡単な話ではありませんね。かりにそういう体制を作ったところで女性たちが子どもを作るかというと疑問です。

山　岸　私の考えを先に言ってしまうと、そもそも今も昔も、人間は子どもを作りたくて作ってきたわけじゃないと思うんです。

というのは、子どもができるのはセックスをした結果であって、そのセックスはかならずしも子作りのためにやっているわけではない。むしろ、人間がセックスするのは主に快楽のためでしょう。

長谷川　好きな相手とセックスをして、その結果、子どもができちゃう。で、「せっかくだから子どもたちを労働力にしよう」という感じで人類が長いこと来たのは間違いないでしょうね。

山　岸　望んでも赤ちゃんができないというケースもたくさんあるし、そのために不妊治療をしている方はたくさんおられます。しかし、それはどちらかというと最近のことで、それまではそこまで計画的にセックスしているわけではありませんよね。そういう意味では妊娠、出産というのは本来、意図せざることだと思うんです。

長谷川　しかも今は避妊法がいくつもあるわけですからね。

山　岸　もちろん実際に妊娠し、出産すると脳の中のスイッチが入って、いわゆる母性本能が働き出すのだとは思います。ただ、それは妊娠した後の話ですよね。子どもを作りたいからヒトはセックスするわけではない。人間にとってセックスはそれ自体が快楽ですから、子作りとは実はつながっていない。そう考えると、私は世界中で少子化現象が起きているのは当然の結果だと思います。

エネルギー配分から人生を考える

長谷川　なぜヒトは子どもを作らなくなったかということについて、こういう説明もできると思うんです。

先ほどもお話ししたように、エネルギーの配分という観点から考えると、ヒトの一生はあまりにも子育てに重点が置かれているので、現代のようにそれぞれの人間が「自分の生き甲斐を追求したい」と思うようになれば、どうしても子育てにエネルギーを割けなくなるんです。

山　岸　それは第一の「成長のためのエネルギー」に分類される話ですね。

長谷川　自分自身に投資して、さらに活動の場を広げていける可能性が開けたわけですね。ことに女性は、かつては家庭に縛り付けられて、自分への投資よりも家庭の維持や子育てにエネルギーを傾注せざるをえなかったわけですが、近代社会になって女性の活躍の場が増え、経済も発展して、女性が自活できるようになれば、当然、この成長のためのエネルギーに多くのリソースを投じる傾向が加速していきます。

さらにそれと関連する形で、第二の「配偶者を探すためのエネルギー」という部分も今では比重を増していますよね。昔のように親が決めた相手と結婚するという時代ではない。男も女も、自分を磨いて、理想の結婚相手を探したい、そのためには多少、結婚時期が遅れてもかまわないと考えています。

山　岸　そうして考えていくと、第三の「繁殖のためのエネルギー」はますます減らさざるをえませんね。

長谷川　これを補塡しようとするのは並大抵《なみたいてい》なことではありません。さっきも言ったように日本政府は「三世代同居」を進めていこうとしていますが、かりにこの施策が成功して三世代同居が

ヒトの一生のエネルギー分配

短命で、子だくさんの時代

自己投資	配偶者選択	子育て投資
=日々の生活に追われる	=身近なところや、お見合いで結婚相手を見つける	=できるだけたくさんの子どもを作って、自分の遺伝子を後代に伝える

豊かな時代(少子化時代)

自己投資	配偶者選択	子育て
=生き甲斐探し、生涯学習、趣味やレジャーを通じての自己実現など	=結婚は自分自身の幸福のためなので、婚活に励む	=出産年齢が高くなる。少子化

増えたところで、はたして少子化が解決できるかどうか怪しいですね。

山　岸　おばあさんの助けがあればどうにかなるというわけではない。

長谷川　もちろん、助けがないよりはあったほうが確実にいいです。でも、女性の自己投資が増大すれば、結婚年齢もどんどん高齢化していきます。そうなると一生涯に産める子どもの数は限られてきます。

山　岸　さらに付け加えると、現代人にとっての育児は一種の娯楽になっていると思うんです。昔だと子どもは「生まれたからしょうがない」という感じで育てられた部分があるし、またそれと同時に「老後の面倒を見てもらうため」という側面もあったと思うのですが、現代の先進国ではそうではなくなった。

少子化になった分、一人の子どもにかける手間やコストは以前よりもとても大きくなった。言い方は悪いけれども、子育てとペットを飼うこととそんなに感覚は違わないと思うんです。

ペット化する子どもたち

長谷川　少子化の原因として、よく言われるのが収入問題ですね。つまり、最近は格差が広がっているので子育てをしたくても、家計の面でそれを躊躇《ちゅうちょ》してしまうというわけですが、どうもそれは違うのではないかと思います。収入が増えたとしたら、三人、四人と子どもを作るかというと、そういうことにはならない。

山　岸　むしろ貧しい時代のほうが子どもが多い。避妊方法がなかったということもあるし、子どもは労働力にもなるし、老後の面倒も見てくれるのでむしろ多いほうがよかったとも言えます。だから少子化と所得格差はそんなに関係はない。私はそれは「子どものペット化」のせいだと思うんですね。

つまり、昔のように子どもを労働力や稼ぎ手と見るのではなくて、かわいい服を着せ、ちゃんとした教育を与え、一緒に旅行やレジャーもして、子どもと楽しい人生を過ごしたい。そういう人にとっては、そんなにたくさんの子どもは要らないんだろうと思います。

長谷川　ではやはり山岸先生は「少子化は解決できない」というお考えですか。

山　岸　基本的にはむずかしいだろうと思いますが、さっきの話の関連で言うと、人間は本来、子どもを産みたい、育てたいという「本能」を持っているわけではありません。でも、実際に生まれてみると、たいていの場合、子どもがかわいいと思うスイッチが入るわけです。そのスイッチが入りやすくなるようにすることはできるんじゃないですかね。

長谷川　それにはどうしたらいいと思いますか。

山　岸　たとえば、一〇代の後半とか二〇代のころ、つまり生殖年齢に達したころに小さな赤ちゃんや子どもと接触する機会を作るとけっこう刺激になるんじゃないかと思うんですね。

長谷川　たしかに、今の若者は核家族の中で育っているし、都会生活では他人の家の赤ちゃんに接する機会もあまりありませんね。昔は本格的な子守りとはいかないまでも、ご近所や親戚の赤ちゃんを抱いてあやしたりすることはよくありましたよね。

山　岸　長谷川先生はどうお考えですか。

長谷川　自分自身の経験や他の人の話からすると、人間は男女ともに、ある年齢になると、とっても子どもが欲しくなるということはあるのだと思います。ただ、そうした感情が素直に現実につながるような社会ではない。目前にある、他の要求を満たすことのほうが人間にとって重要なのです。社会のあり方の大雑把《おおざっぱ》な傾向がこうである限り、少子化傾向そのものは解決ができないだろうと私も思っています。

でも、では政治が無力かというとそうも思わない。このままでは少子化は避けられないと分かったらやれることは他にもたくさんあるんじゃないかと思うのです。

山　岸　つまり、少子化を前提にした制度設計、社会作りをするということですね。

長谷川　ところが、今はそういう現実把握がないまま、「少子化は大変だ、大変だ」と無駄なことばかりをやっている。そこを脱却することが何よりも先決だと思います。なのに、政治家も役人も若者たちにお説教してどうにかしようと考えている。そこに私は怒りの炎を燃やしているわけですよ。

スローガンよりも制度設計を

長谷川　何でも「昔がいい」と言うつもりはありませんが、かつての官僚たちはちゃんとそこが分かっていたと思います。つまりスローガンではなくて、制度によって社会的な目標を達成していこうとした。

たとえば一九五〇年代から六〇年代の日本では、今とは正反対に「どうやって人口抑制をしていくか」ということが至上命題になっていました。その当時は出生率が四以上もあったので、このままで行くと人口爆発を起こしてしまう。とにかく出生率を下げないといけませんでした。

そこで当時の官僚たちが考えついたのは二つ。

一つは移民を積極的に奨励すること。私の子ども時代の友だちにも家族みんなでブラジルに渡っていった人がいましたが、当時は移民する人たちに対して優遇措置をしたんですね。だから、農家の次男三男などで、このままでは喰っていけないという人たちが移民を志願したんです。

山　岸　当時は、まさか日本が世界第二位の経済大国になるとは誰も思わなかったでしょうね。今でこそ「なぜわざわざブラジルまで」と思うのですが、当時はブラジルのほうが将来性があると思われた。

長谷川　この移民のほかに行なわれたのが２ＤＫの普及です。

山　岸　いわゆる団地スタイルですね。

長谷川　当時の２ＤＫは今よりもずっと面積も小さかったのですが、長屋や一軒家ではなく、こうした集合住宅に住み、冷蔵庫や洗濯機、掃除機などの電化製品を備えた暮らしを送るのが「文化的」なのだと宣伝し、それが大成功を収めました。

その結果、出生率はあっという間に四から二へと下がったんです。

山　岸　なるほど団地サイズの家ではたくさんの子どもを育てられませんから、どうしたって子どもの数は減りますよね。

長谷川　子どもを作るなと命令したり、号令したりするのではなくて、そうやって核家族化して暮らすことがモダンなことなんだという風潮を作っただけではなく、その家族が暮らす場として公団住宅を実際に作ってみせた。この結果、民間でも似たような小さなアパートがたくさん作られて、そこに住む人たちがどんどん増えた。世界でもこれほど成功した人口抑制策はないと思いますね。

山　岸　大事なのは心がけを説くのではなくて、制度設計をすることなのですが、それが今の日本ではたいへんおろそかになっているんです。

「進化」していない心

長谷川　しかも、そこで絶対に忘れてはいけないのがヒトには進化上の制約があるということですね。制度が大事だといっても、どんな制度でも作れるわけではない。ヒトとしての能力では維持することができない制度というのもあります。

山　岸　その一つが社会主義体制だったとも言えますね。

長谷川　マルクスは人間はどんなものにも作り替えることができると思ったわけです。いわゆる下部構造、つまり、経済や社会の制度を変えれば人間の生き方も価値観も変わると無邪気に信じていたんでしょうね。でも、それは翼のない人間に空を飛べと言うようなものでした。

山　岸　人間の心には無限の可能性があって、そこには何の制限もないのだと考えたのはマルクスだけではなかった。近代合理主義そのものが、そういう前提の上に作られたものであったと言っても過言ではありません。

長谷川　あくまでも脳とはヒトという種が生き延びるうえで発達した臓器であって、万能の思考マシン、計算マシンではありません。たしかにヒトの脳は複雑にして巧妙に作り上げられたものではあるのですが、その巧妙さはヒトの進化史において重要だった問題解決のためのものだった。そのころあまり重要ではなかった問題についての解決能力は低いというデコボコがあります。論理の理解という点に限れば無限の可能性はあるかもしれないけれども、私たちの感情や情動は数十万年前からそうは変わっていないんですね。

山　岸　でも、それがなかなか分かってもらえないんですね。人間の心の働きなんか、古今東西、そんなに違わないですよ。

長谷川　だからこそ、私たちは古典を読んで、二〇〇〇年以上前の人々、しかも、地理的にも遠く離れたところに生きた人々に共感できるわけですけれどもね。

山　岸　今と昔で心のあり方が違っていたら、あるいは東と西で心のあり方が違っていたら、相互理解なんてありえないですよね。

長谷川　でも、「私たちとはまったく違う、心の美しい人々がどこかにいる」とか思いたくなるものなんですね。それが例のマーガレット・ミードの話。

山　岸　そうそう、あれはいい例ですね。ではそれについてちょっと語りましょうか。

第2章

サバンナが産み出した「心」

「南海に浮かぶ桃源郷」

長谷川　マーガレット・ミードはアメリカの文化人類学者で、『菊と刀』で日本人に有名な文化人類学者ルース・ベネディクトとは同じフランツ・ボアズの門下生です。

そのミードが一九二八年に発表した『サモアの思春期』という本は欧米社会に大変なセンセーションを巻き起こします。

サモアというのは南太平洋にある島で、当時は国際連盟の信託統治下にあったのですが、一九二五年、当時、二三歳だったマーガレット・ミードはこの島に住むポリネシア系の住民たちの思春期のようすを調べるように指導教官だったコロンビア大学のフランツ・ボアズ教授から言われてフィールドワークに出かけます。

山　岸　なぜ思春期の問題を調べにわざわざサモアに行ったかというと、これは当時のアメリカで思春期の若者たちの犯罪や自殺が社会問題になっていたことが背景にあったんだと思います。要するに子どもたちが荒れるのは文明の悪影響のせいで、「未開」のサモアの若者たちは違うんじゃないかという仮説があったんでしょうね。

長谷川　その頃のアメリカは好景気に沸《わ》いていました。大恐慌が起きる数年前ですから、アメリカが世界で最も豊かな国になった時代です。若者というのは親の言うことを聞かなかったり、大人たちに反抗したりするものですが、現状に満足している大人たちからすると「なぜ近ごろの若者たちは親の言うことを聞かないんだ」という感じがあったのでしょう。

山　岸　「今どきの若者は」という言葉は、いつの時代でも年寄りが思うことなんですけれどもね。

そんな時代の雰囲気の中、サモアから帰ってきたマーガレット・ミードは驚くべきレポートを発表するんです。

それは何と、「サモアの若者たちには欧米の若者のような思春期の葛藤も悩みもない」ということでした。

そもそもサモアの人々は大人も子どももみんな心が穏やかで、嫉妬や憎悪に悩まされることもなく、誰も生活にあくせくすることもない。セックスは遊戯の一種と見なされ、パートナー以外とセックスをしてももめ事が起きることもない、というわけです。

マーガレット・ミードの「権威」は今なお健在である

長谷川　サモアでは若者が大人と衝突することもないし、大人から抑圧されることもない。だから青少年の犯罪もなければ、自殺もないというのが『サモアの思春期』の主旨でした。

まさに「南海に浮かぶ桃源郷」という話ですが、常識で考えたらこんな天国のようなところが実際にあるはずがありません。ところが、このミードのレポートはそれから半世紀以上にわたって真実だと思われ、マーガレット・ミードは文化人類学の世界においては伝説的な存在になりました。

山　岸　いや、今でも彼女を偉大な学者だと思っている人は少なくないでしょう。文化人類学の世界ではいまだに彼女は偉人ですし、教科書にも彼女の名前は載っています。

なぜミードは「神話」をでっち上げたのか

長谷川　実はマーガレット・ミードはこの他にもセンセーショナルなレポートを発表しています。彼女が一九三五年に発表した『三つの原始的社会における性と気質』という論文では、ニューギニアにも欧米社会とはまったく違う社会があると報告しています。中でもチャンブリ族の社会では、女性が社会の主導権を握っていて、男性は女性に服従している社会なのだというわけですね。

山　岸　古代ギリシャに「アマゾネス」伝説がありましたが、それにそっくりですね。

長谷川　このサモアの話も、ニューギニアの話もどうも信用のおけない話のようです。

同時代の、そしてその後の他の調査によれば、サモアの若者たちも欧米の若者と同様に親と喧嘩もするし、情痴犯罪だってある。フリーセックスももちろんありえない。またニューギニアの「男女逆転」の部族についても、たまたまミードが調べた時期、その部族は他部族との争いに負け、いわば冷《ひ》や飯食《めし》いの時代であったので、男たちが元気がなかっただけということが分かっています。

それを初めて公的に指摘したのはニュージーランドの文化人類学者デレク・フリーマンです。彼が一九八三年に出した『マーガレット・ミードとサモア』（紀伊國屋書店）の中で、マーガレット・ミードはサモアでフィールドワークをしたと言っているけれども、実は滞在中はずっとアメリカ人家庭で寝泊まりしていて、サモアの人たちと寝食をともにしていないこと、また言語にしてもわずか一〇週間ほど習っただけで、言ってみれば片言でしか会話ができなかったことなどを調べあげて告発しました。

また、それと同時にフリーマンはサモアで実際に調査も行なって、この島に暴力も自殺もないというのがまったくの「神話」であって、実は我々の社会と大差がないということも詳細に記しています。

山　岸　フリーマンによれば、サモアを訪れたミードが接触したのは主にサモアの若い女の子たちで、おそらくミードは彼女たちの「ほら話」を真に受けたんだろうというのがフリーマンの推理でした。

長谷川　要するに「よそ者」のミードをからかっていたんですね。彼女があんまり恋愛やセックスのことばかり聞きたがるものだから、奔放な物語を作って大袈裟《おおげさ》に話したのだと語る証人もいます。

氏《うじ》か育ちか

山　岸　でも、問題はそんなほら話をミードばかりか、欧米の知識人たちがみんな信じてしまったということなんです。

長谷川　当時の欧米の文化人や学者たちはそういう話をずっと求めていた。そうあってほしいと思っていた。だから、研究者として駆け出しのミードの話を検討もせずに、そのまま信じてしまったんです。

というのは、この時代の知識人にとって大きなテーマになっていたのは「氏《うじ》か育ちか」ということだったんです。

つまり、人間の能力や性質といったものは先天的、遺伝的にある程度、決まっているものなのか、それとも後天的に、つまり教育によって変えられるものなのか、ということです。

このあたりの話をしだすと長くなるんですが、二〇世紀初頭のこの時代、大きな力を持っていたのはいわゆる社会進化論でした。それはどういうものかと一言で言えば、ダーウィンの進化論を使って人種差別を正当化しようという思想です。

山　岸　それが言ってみれば「氏」派の話ですね。

この世の中はダーウィンが教えるように「優勝劣敗」なのだから、地球上の大陸のほとんどを支配している白人のほうが優秀であるのは明らかで、有色人種はどう努力しても白人には太刀《たち》打ちできないのだ、という考えです。

長谷川　後年のナチズムにもつながる思想ですね。

山　岸　これに対して「育ち」派は、人間は教育次第でいくらでも変えることも成長させることもできるという考えですね。今から見れば、どちらも間違っているのだけれど、「育ち」派の代表格とも言うべきは行動主義心理学でした。そこでは、生まれたての人間は「タブラ・ラサ」、つまり何も書かれていない真っ白な石板だとされました。人間はなりたいものに何でもなれるという、一種の科学万能主義ですね。

一九一五年にアメリカ心理学会の会長になったジョン・B・ワトソンは著書の中で、どんな子どもであろうと心理学者の手にかかれば「その子の才能、好み、傾向、能力、適性、親の人種に関係なく、何にでも――医者、弁護士、芸術家、大商人、そしてそう、乞食や泥棒にさえもしてみせよう」と書いたほどです。

長谷川　そこから社会主義も生まれてきます。

さっき言いましたが、マルクス主義では社会の下部構造、つまり経済制度を変えることで文明のあり方ばかりか、人々のものの考え方までも変えることができるとした。私的所有を廃止し、産業を集団化し、計画経済を行なうことで「新しい人間」が作り出せるというわけです。

山　岸　そうした考えが大前提となって生まれたのが文化人類学でした。つまり、文化の違いを探っていくことによって、人間の持つ可能性を証明していこうという意気込みがそこにはあったんですね。

進化が分かっていなかった文化人類学

長谷川　そこでさらに付け加えると、ミードがサモアに行った理由もそうでしたが、彼ら欧米の文化人の間には「欧米社会は文明化によって人々の心が汚れてしまったが、地球上には西洋文明と無縁な、つまりは無垢《むく》の文明があるに違いない」という思いがあった。

山　岸　第一次大戦が起きて、当時のヨーロッパは荒廃していました。たくさんの人々が戦争で死んだし、毒ガス兵器なんかも使われるようになった。こういう文明はやがて滅びるんじゃないかという危機感でしょうね。

長谷川　マーガレット・ミードのサモア・レポートをその時代の知識人たちが無条件に信じた背景にはそうした事情があったんですね。

山　岸　彼らからすると、サモアには人間の未来があるという感じだったんでしょうね。また、社会進化論を唱える人種差別主義者たちに一矢報いたという気持ちがあったでしょう。

長谷川　その気持ち自体はよく理解できます。つまり、物質的に豊かな白人よりもサモアの人々のほうがずっと精神的に豊かで、平和な暮らしを送っているじゃないかというわけですね。

山　岸　だから、ミードの論文が本当に正しいのかと検証する人は現われなかったわけだし、また、「サモアに行ったけれども、ミードの書いたような話は確認できなかった」と言う人があっても、ミードの発見にケチを付けるのかということになったんでしょうね。

長谷川　「ミードの時代の暮らしが西欧化で破壊されたから確認できないのだ」と言う人もいたでしょうしね。実際、『マーガレット・ミードとサモア』を書いたデレク・フリーマンも同書を出版するのには大変な勇気を必要としたそうです。でも、たまたまフリーマンは晩年のミードにインタビューすることができた。そこで彼女に「あれは間違いじゃないんですか」と直接聞いた。もちろん、ミードが今さらそれを認めるはずがないんですが、彼はそこでようやく発表しようと思ったそうなんです。

山　岸　ご本人に「書きますよ」と名乗りを上げたわけですね。なかなかできることではない。

長谷川　まあ、それでも文化人類学者たちからは総スカンを食ったそうです。文化人類学会はこの本を、一種の禁書扱いにしたとも言われています。

山　岸　ただ、文化人類学のために多少弁護しておくと、ミードたちの時代の文化人類学は「文化の差異」というところに注目していたわけですが、今日の文化人類学は「一見するとまったく違う社会のように見えるけれども、そこには共通点があるはずだ」という仮説のもとに、その共通した部分とはいったいどんな要素なのかを調べる方向にシフトしています。つまり、文化を通じて人類を研究するというわけで、「文化人類学」という日本語の名称に近づいてきていますね。

長谷川　とはいえ、やっぱり「差異」のほうに目が向いている研究者もまだ多いようですね。

山　岸　それもこれも、人間が一つの動物種であるという理解が定着していないからでしょうね。要するに進化についての理解が浅い。

人種差別思想は進化を白人支配に都合のいいように読み替えたわけですが、行動主義心理学や文化人類学もまた進化が分かっていなかった。彼らはホモ・サピエンスが進化の結果、誕生した生物種にすぎないということを理解していなかった。そのためにこんなとんでもない論文が長い間、真実だと思われていたわけですね。

長谷川　残念ながら、進化については二一世紀になっても正しい理解が広まっているとはとても言えませんね。

山　岸　そういうことですね。そこで長谷川先生、「進化とは何か」ということをごく概略でもいいので説明していただけますか。

なぜヒトはヒトになったのか

長谷川　すでに何度も述べてきたことですが、人間とは何か、さらに人間社会とは何かということを考える際の大前提は「ヒトは生物である」という事実。言い換えれば「ヒトは進化の産物である」という視点ですね。

ヒトはある日、突然に現われたわけではないし、ヒトの知性も突如として誕生したわけではない。あくまでも進化のプロセスの中で我々ホモ・サピエンスは誕生しました。だから、人間とは何かを考えるには、まず「なぜヒトはヒトになったのか」という考察が必要になってきます。

そこで大事なのは、その進化のプロセスは何かの目的やゴールがあるわけではないという理解です。それぞれの個体が次世代に自分の遺伝子を残そうとした中で、環境に最も適合したものが生き残り、それが積み重なっていって進化が起きているわけで、進化そのものには目的も設計図もない。

山　岸　神様が人間を設計したというわけではない。

長谷川　進化の解説をしはじめたら、それだけで何時間も必要になりますが、ここでは基本的なことだけを押さえておきましょう。

山　岸　よろしくお願いします。

長谷川　そこでまず重要なのは「自然淘汰」を理解することです。

ダーウィンが唱えた進化論のキモとも言うべきアイデアは「自然淘汰によって進化が起きる」ということだったのは多くの読者も学校で習ったことでしょう。つまり、その生物が置かれている環境に適応した形質が世代を超えて広がっていき、それによって進化が起きてくるということです。

しかし、この「自然淘汰」というアイデアをきちんと理解している人はものすごく少ない。というのは、ある種の形質が出現して、それが後の世代に広まっていったからと言っても、そうした形質の変化が「正しい」から起きたというわけではありません。

たとえば、魚類の先祖は水の中を泳げるように進化したわけですが、しかし、最初から「泳げるようになる」という目的があったわけではない。最初からヒレやエラを発達させようという方向性があったわけではない。

山　岸　突然変異の中で、そうした形質が生まれた。つまり偶然の産物ということですね。

「いい変異」「悪い変異」はない

長谷川　しかも、その突然変異はあくまでも個体単位で起きたことで、何かのきっかけでその種全体が突然変異をするわけでもありません。

たとえば、突然変異でヒレのようなものが出来た個体が生まれますが、その個体が生き延びて同じ特徴（形質と言います）を持った子孫を増やしていき、種全体にその特徴が広まったときにそこで初めて「進化が起きた」と言う。つまり新しい種が出来たということになるわけですね。

でも、そうした突然変異した個体がかならずしも生き延びるとは限りません。突然変異というのは、要するに遺伝情報に異常が起きたということですから、ヒレのようなものが出来ても、その結果、動きが鈍くなったりして外敵から襲われやすくなれば、その個体は子孫を残すこともできずに死んでしまうかもしれません。

また、かりに運良く子孫を残せたとしても、その子孫が順調に増えていくというものでもありません。多少、子孫が増えてもその種の中で一定の地位を占めることができなければ、やがて消えてしまうでしょう。

要するに、突然変異に「いい変異」「悪い変異」はない。残るかどうかは、その個体が暮らしている環境が決める。環境に適応できた個体の遺伝子は子孫に伝わるが、適応できなかった個体の遺伝子は後代に伝わらない。あくまでも進化の基本になるのは、その個体が生き残れるのかどうかなのです。

魚の例で言えば、進化のある段階でたまたまヒレのようなものを持った個体が突然変異で生まれ、それが与えられた環境――すなわち水の中――においては生き残りの役に立ったものだから、その遺伝子を持った子どもたちが生まれ、さらにその孫が生まれていって、その形質が種全体に広がっていった。最初から泳ぎに適したヒレや流線型の身体を作ろうという目的を持って、進化が起きたわけではないのです。

山岸　実際、その魚の祖先が生きていた湖や海が干上《ひあ》がり、それらの個体が死んでしまえば、そうした進化は行き止まりになってしまうでしょう。私たちは現時点から過去にさかのぼって進化を考えてしまうので、進化とは何と精妙なことかと感心してしまうんですが、それまでには数え切れないほどの試行錯誤があるわけですよね。

長谷川　こうした進化の仕組みを今日では「適者生存」とも言うのですが、この言葉を造り、広めたのは他ならぬ社会進化論のスペンサーでした。ダーウィンはこの言葉を嫌っていたそうです。

すべての生物は「勝利者」である

長谷川　というのも、進化とはこうした仕組みによって起きているわけですから、進化においてはどちらの種が優れているとか、劣っているということはありえないわけです。

山　岸　それを「適者」と表現すると、あたかも優劣があるような印象を持ってしまいますね。

長谷川　そのとおりです。現在、地球上に生きている生物はみな何らかの形で環境の変化に適応して生き残っているわけですから、その意味ではみなが等しく「適者」であるわけです。

アメリカのキリスト教原理主義者たちが考えているように、人間はゴリラやチンパンジーよりも優れた生き物というわけではありません。人間もゴリラもチンパンジーもみなそれぞれの環境の中で適応しているからこそ、今、同じ地球上に存在しているのですからそこには優劣などは存在しません。

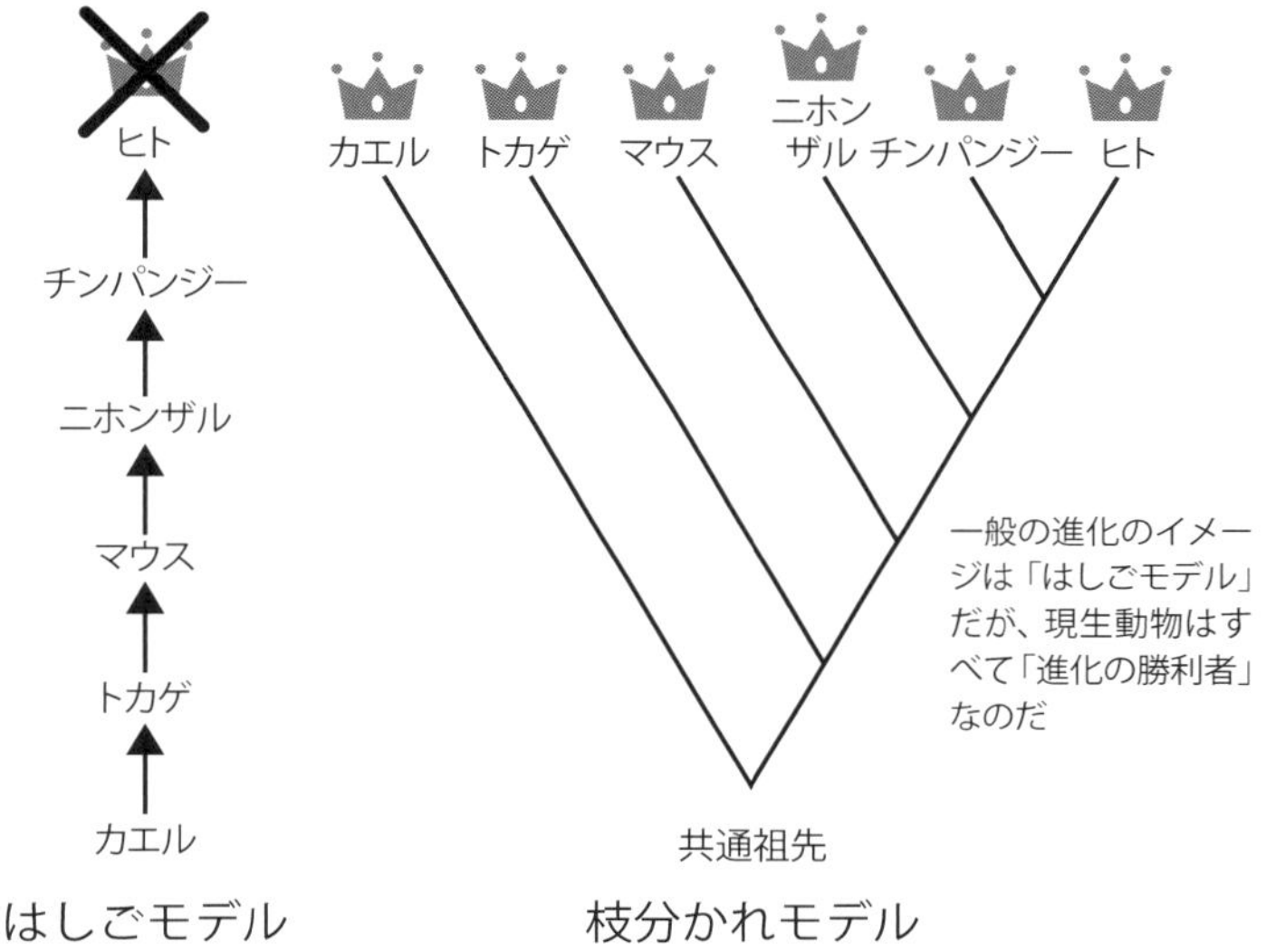

山　岸　彼らが唱えている「インテリジェント・デザイン」説では「単なる試行錯誤で、人類のような優れた種が生まれたはずがない。人類が地球上に生まれたのには何らかの知性（インテリジェンス）の介在があったに相違ない」というわけですが、そもそもアメーバのような単細胞生物は「下等」で、サルやヒトは「高等」な生物だという理解がすでに間違っている。

長谷川　なぜそんな誤解が生まれるかというと、一つにはいわゆる系統樹から間違ったメッセージを受け取ってしまっているからだと思うのですね。

たとえば、ヒトの進化の場合だと系統樹の頂点にヒトがいて、チンパンジーやゴリラはそのコースから逸脱、あるいは落伍してしまったのだと受け止めている人がとても多いのですが、そうではなくて、一つの大きな樹の幹からヒトという枝も出ているし、チンパンジーやゴリラという枝も出ているということなんです。進化というのは枝分かれなんです。

山　岸　「自然淘汰」によって、ヒトという種が勝利を収め、チンパンジーやゴリラは負け組なんだと理解されています。

長谷川　そこが大きな間違いで、いま地球上に存在するすべての生物は、進化の「最先端」にいるんです。

山　岸　どんな生物であっても、今も進化のプロセスは続いている。今は「成功者」のように見えたとしても、環境の変化に適応できなければその種は滅びてしまいますからね。

長谷川　しかもそれが個体レベルで起きている現象であるというのが重要なんです。

知性とはサバンナ生き残りのツールだった

山　岸　そこでお聞きしたいのは、やはりヒトの進化です。

ヒトはチンパンジーやゴリラなどと共通の祖先から枝分かれしたものであるわけですが、今までの話を踏まえれば、ヒトという種が進化によって誕生した背景には、ある特定の環境に適応する必要があったということですよね。

長谷川　チンパンジーやゴリラは大型類人猿と呼ばれますが、チンパンジーやゴリラとの共通の祖先から分岐し、我々と同じく「ホモ属」に分類される種が現われるのが二百数十万年前のことです。その最古のものがホモ・ハビリスと呼ばれる種類です。

山　岸　そのホモ・ハビリスが生まれるに至ったのにはやはり環境の変動があったということですね。

長谷川　一言で言ってしまえば、それは「森林からサバンナへの移動」ということですね。と言っても、彼らは好き好んでサバンナに行ったわけではありません。気候変動によってジャングルが縮小したのだと思われます。本当はジャングルの中で生活しているほうが、食糧となる果物が豊富に、しかも簡単に手に入るのですが、そういう生活を続けられなくなった。それが進化の契機になったわけですね。

山　岸　そこでまず二足歩行ができるようになったというわけですか。

長谷川　かつては、直立二足歩行はサバンナで生活するために進化したものであろうとされていたのですが、最近の研究ではどうもホモ属の前の段階の猿人の時点ですでに二足歩行していたと分かっています。今から三〇〇万年前の「アファール猿人」の遺跡では、彼らの足跡がはっきりと残っていますし、それ以前の猿人もどうも二足歩行できていたようです。

まだ森の中にいたのに、なぜ彼らが二足歩行するに至ったのかというと、その理由はまだ明らかになったわけではありませんが、おそらくそれも気候変動と関係していたでしょう。森林域が縮小したり、あるいは森林で食物を得にくくなったために、他の類人猿とは違う生息環境を開拓しないとならなかった。それはきっと森林とサバンナとの境界線あたりではなかったかと思われます。

ただし、彼ら猿人の脳の容量を調べると、他の類人猿の脳とさほど違いがあるわけではありません。

山　岸　なるほど、二足歩行が直接、脳の発達をもたらしたというわけではないのですね。

長谷川　ホモ属の脳の発達、知性の発達の原動力となったのはやはりサバンナへの進出です。

といっても、彼らが森林を出て、サバンナに生活の場を移したのはけっして望んだからではありません。おそらく気候変動によって森林が縮小したために、やむなくサバンナに暮らさなくてはならなくなったのでしょう。

先ほども言いましたが、手を伸ばせばいくらでも果実が手に入る森林生活とは違い、サバンナでの食糧調達はけっして容易ではありません。そもそも果実は手に入らないし、かといって肉食をしたくともサバンナにはライオンやヒョウという「ライバル」たちがいますから、そう簡単に獲物が手に入るわけもない。せいぜい、そうした肉食獣の食べ残しにありつくのが関《せき》の山《やま》であったでしょう。

山　岸　食糧を得るために脳の発達が必要になったわけですね。

生き延びるための「社会」

長谷川　大きな流れとしてはそうなりますが、そこでかつて言われていたのは「ハンター仮説」です。

つまり初期の人類、それもオスがサバンナで獲物を狩るために二足歩行ができるようになった、狩猟で肉が大量に食べられるようになったので脳が発達し、協同してハンティングするために言葉が生まれ、そして狩猟で得た肉を特定の女性に分け与えたので一夫一婦の絆《きずな》が生まれた、というストーリーです。

山　岸　男性中心主義を絵に描いたような仮説ですね。

長谷川　ええ、これは男性にとってはものすごく美しいファンタジーですね。男たちが知性を作り、社会を作り、女性を養ったというわけですから。

そもそも、二足歩行は森に暮らす猿人の段階ですでにできていたわけですし、また狩猟だけで食べていけるほどサバンナ生活は楽ではありません。とてもオスだけの働きでは生きてはいけないのです。このハンター仮説は一九六〇年代から七〇年代にかけて一世を風靡《ふうび》していたのですが、あまりにもご都合主義だというのであっという間に失墜しました。

それよりも今日、重視されているのは一九七〇年代後半にグリン・アイザックという人類学者が提出した「ホームベース」仮説です。
アイザックは初期のホモ属たちが発達させたのは狩猟能力ではなくて、集団生活の能力であったただろうと考えました。ヒトはまずホームベースと呼ばれる拠点で集団生活を行ない、それぞれが調達してきた食糧を持ち寄ることで命をつなぐと同時に、そこで子どもの養育なども行なっていたのではないかというわけです。
そして、そうした共同生活を行なう中で、男性も育児に協力するようになり、また夫婦の絆も生まれ、言語的なコミュニケーション能力も培われたのだろうと考えたのでした。

山　岸　生き延びるためにヒトは社会を作り、その社会を維持するために知性を発達させたというわけですね。

「社会脳」仮説とは

長谷川　このあたりはそれこそ山岸先生の専門になるわけですが、いわゆる「社会脳」仮説ですね。

山　岸　マーガレット・ミードの話の中でも出てきましたが、かつては「人間の知性は万能である」と考えられていました。人間は最初から、複雑で抽象的な思考能力と高度な言語能力を兼ね備えた、いわばスーパーコンピュータのような脳を持っていたのだというわけですが、進化論から考えれば、そんな脳みそがいきなり出来るとは考えられない。脳も臓器の一つである以上、まずは生存に役に立たないかぎりは存在するわけもありません。

長谷川　数学や文学が出来たところでサバンナで生き延びることはできませんからね。

山　岸　では、サバンナで生き延びるために脳は何の役に立つのか——もちろん、道具を作ったり、獲物を見つけるのにも脳は必要ですが、それは別にサバンナでなくても発達するでしょう。

長谷川　実際、森林に棲《す》む類人猿たちも道具を使いますし、また、果実のありかを上手に探すための情報処理能力を持っています。

山　岸　では、サバンナで生きるためにはどんな知性が必要か——それは集団内で上手に生きていくための知恵だったというのが「社会脳」仮説です。つまり、同じ空間の中で他者と共存し、協力し合って生きていくための知性ですね。具体的には集団内での衝突を回避するために他者の心の中を想像する能力が必要ですし、また他者から食糧を分け与えてもらったときには、そのことを記憶する能力も必要です。

長谷川　他者に何かを施しても、そのお返しが期待できなければ、ギブ・アンド・テイクの暮らしはできません。それには誰からもらったかという個体識別の能力もないといけないし、また、すぐにはお返しができないわけですから、もらったことを長期間、記憶できないといけない。さらに、「肉には肉で」という同じモノのやりとりではなくて、肉のお返しに果実を与えたり、あるいは労働で返したりするという、価値を変換する能力もないと困りますね。

言葉はゴシップ・トークのために生まれた？

山　岸　言語能力についても、おそらく社会を作るために必要だったのでしょう。イギリスの人類学者ロビン・ダンバーは「言葉とはサルの毛づくろい（グルーミング）と同じなんだ」と言っています。つまり、集団生活をしていると個体間に軋轢《あつれき》が生まれるわけだけれども、サルの場合はそうした緊張を緩和するためにお互いに毛づくろいをしている。要するにスキン・シップで集団生活を成り立たせているのですが、そのやり方が通用するのは少数の群れだからで、数が多くなったらそうはいかない。

長谷川　それこそ一日中、いろんな相手に毛づくろいをしないとならなくなりますものね。

山　岸　そこで毛づくろいの代わりに発達させたのが言葉だというわけですね。ダンバーの考えでは、そもそも言葉というのは他人の噂話、ゴシップ・トークをするために発達したものではないか、つまり、種々雑多なメンバーたちに関する情報交換をするのに言葉が発達したんだろうというのです。

友だちの数の上限は一五〇人

長谷川　彼は「ダンバー数」というユニークな仮説も提案していますね。

山　岸　ダンバーは霊長類の脳、ことに新皮質の大きさと集団のサイズが比例することに着目しました。

長谷川　自分が属している集団の中で何が起きているのか、その中の力関係がどうなっているかを把握するために新皮質が発達したのではないかというわけですね。

山　岸　ダンバーは霊長類のデータを元に、ヒトの新皮質は本来、どの程度のサイズの集団に対応するために発達したのかを推計したところ、その数はおよそ一五〇人ではないかという結論になった。

長谷川　それがダンバー数というわけですね。

山　岸　一五〇人というのは普通の生活実感からすると、とても小さな数に見えます。現代の人間の多くは組織の中で仕事をしていて、日常の業務で一〇〇人どころか、つねに何百人という規模の人たちと一緒に仕事をしています。また、それ以外にもプライベートではSNSを活用して、数百人、いや数千、数万人とつながっている人も珍しくありません。

長谷川　私たち二人はSNSなんて馬鹿らしいからやっていませんけれどね。

山　岸　いくらたくさんの知り合いがネット上で出来たとしても、そういう人たちが「仲間」と言えるか。なぜ馬鹿らしいかというと、ダンバーの言う、一五〇人という上限が正しいからです。たしかに私たちの手帳や住所録には一〇〇人を軽く超える人たちの名前があります。また、仕事関係で交換した名刺の数は何百、いや何千にもなるでしょう。

でも、そうした人たちははたして「知り合い」と言えるかということですね。

長谷川　集団を作るというのは、単に顔を知っているだけではダメで、言ってみれば「彼（彼女）は身内だ」という感覚がないといけません。そうでないと、お互いに助け合おうという行動、利他行動が起きません。

山　岸　だから昔から軍隊のような組織では、だいたい一〇〇人が基本単位になってヒエラルキーが作られています。

長谷川　古代ローマの軍隊にはその名もずばり百人隊長という職名もありますね。リーダーは個個のメンバーの能力や性格を把握したうえで命令を下さないといけませんが、部下の数が一〇〇人以上になるとフォローしきれないということを彼らは経験的に知っていたんでしょうね。

山　岸　軍隊に限らず、およそどんな組織でも基本単位は一〇〇人〜二〇〇人で、それ以上、メンバーが増えると部署を分割せざるをえないし、学問の世界でも研究者がおたがいの仕事を注目し合えるのも一〇〇人〜二〇〇人で、それを超えるといくつかの研究カテゴリーを分割していくという研究もあるようです。

私はどっちかというと名前や顔を覚えるのが苦手なんですが、「私はダンバー数以上に多くの人を覚えられる」という方は少なくないでしょう。しかし、相手の気持ちを忖度《そんたく》して、その人のために適切なことをしてあげられるというくらいの親密な関係を結ぶとなると、人間の脳の処理能力には限界があるんですね。

ホモ・エレクトゥスの「出アフリカ」

長谷川　ではいったい、一〇〇人〜二〇〇人という限界はどうして生まれたのか。もうここまで来れば、だいたい予想できるでしょうが、それはヒトがなぜヒトになったかということを考えると答えは自ずから明らかです。

進化とは個々の動物が環境に適応し、生存・繁殖していこうとする、そのプロセスの中で生まれてくるものですが、進化をもたらした環境のことを進化適応の環境、ＥＥＡ（Environment for the Evolutionary Adaptedness）と言います。「進化適応の環境」やＥＥＡという言葉は読者に耳なじみがないでしょうから、本書では縮めて「進化環境」と言うことにしましょう。

前にもお話ししましたが、チンパンジーやゴリラと同じ祖先からヒトが進化したのは気候変動によって寒冷化が起こりはじめたころでした。どんどん、アフリカの森林が縮小していく中で、彼らはジャングルからサバンナへと生活の場を移します。ジャングルに暮らしていたヒトのご先祖さまもきっとある程度の集団生活を送っていたはずですが、しかし、ジャングルでの集団の作り方がそのままサバンナでも通用するとは限りません。いや、ほとんどの場合、サバンナに出て行った集団は滅びたでしょうね。

山　岸　結果から見れば人間はすんなりサバンナに適応したように見えるけれども、しかし、実際には無数の試行錯誤があった。それは数十万年とかの単位の話になるんでしょうか。

長谷川　ホモ属の最古のものがホモ・ハビリスで、それが二百数十万年前とお話ししましたが、それから数十万年後にホモ・エレクトゥス（ホモ・エルガスター）と呼ばれる原人が誕生します。ホモ・エレクトゥスは完全骨格も見つかっていますが、ひじょうにすらりとした体格で、プロポーションも現代人とほとんど変わりません。このホモ・エレクトゥスの化石はアフリカだけでなく、東南アジアでも見つかっています。前にも少し触れましたが、これを聖書のモーゼの物語になぞらえて「出アフリカ」と呼ぶ人もいます。

このホモ・エレクトゥスはホモ・ハビリスよりも脳は大きく、石器や火を使えていたようです。また体型から考えると、今の私たちと同じく、赤ん坊を未熟なうちに出産していたはずですから、育児には男も参加していただろうと思われます。

山　岸　彼らはどのくらい、地上に生きていたんですか。

長谷川　だいたい一〇〇万年くらいですね。

山　岸　それはすごい。

長谷川　ええ、一〇〇万年も生き延びることができ、しかも東南アジアまで進出したのですから、相当に環境に適応していたのでしょう。しかしながら、この一〇〇万年間、彼らの文明が進歩したかというとそうではない。彼らの使っている石斧《いしおの》はたいへんに優れたものだったのですが、それを改良した形跡はほとんど見られません。

山　岸　現代人が農耕を始めてからわずか一万年でこれだけ文明を発達させたことを考えると、一〇〇万年も同じままだったというのは、やはり彼らと私たちとの間に決定的な違いがあったんでしょうね。

脳を大きくして気候変動を乗り越えたネアンデルタール人

長谷川　ええ、その違いとは何か――そこで出てくるのが環境要因です。

というのも、ホモ・エレクトゥスが完全に滅びるのは約三〇万年前。この時代、地球は氷河期と間氷期の間で激しく揺れ動いていたので、おそらく彼らはその環境変動を乗り越えることができなかったのでしょう。

その代わりに現われたのが古代型サピエンスと呼ばれる、現代人によく似たホモ属です。最も有名なのはネアンデルタール人ですね。彼らは今から四〇万～五〇万年前に地上に現われましたが、彼らとホモ・エレクトゥスの大きな違いは脳の容量です。何しろネアンデルタール人の脳は現代の私たちの脳よりも大きい。

山　岸　他の動物ならば、たとえば寒冷化に対応するには皮下脂肪を厚くしたり、身体を大きくさせたりするんでしょうが、ネアンデルタール人は脳を大きくして乗り越えたというわけですか。

ネアンデルタール人というと、いわゆる「原始人」というイメージで想像しがちなのですが、そうではなかったんですね。

長谷川　彼らがはたしてどのような「心」を持っていたか、それを知る手がかりはほとんどありません。心は化石にはなりませんからね。しかも、これだけの大きな脳がありながら、装飾や芸術のような文化的痕跡がほんの少ししか残っていません。だから、ずっとネアンデルタール人は、山岸先生がおっしゃっていた「原始人」あるいは「愚か者」というイメージで捉えられてきました。

しかし、脳のサイズがここまで飛躍的に大きくなったというからには、やはりそこには与えられた環境に対応するための能力が備わっていたと考えるべきではないでしょうか。

認知考古学者のスティーブン・マイセン（Steven Mithen）は、ネアンデルタール人は博物学的知能、技術的知能、社会的知能の三大能力がそれぞれ独立に機能していただろうと推論しています。

脳はツールボックスである

山　岸　かつては、脳はプログラミング次第でどんな働きもできる「万能コンピュータ」として考えられていました。しかし最近では、脳はカナヅチやノコギリ、ノミといった、それぞれに用

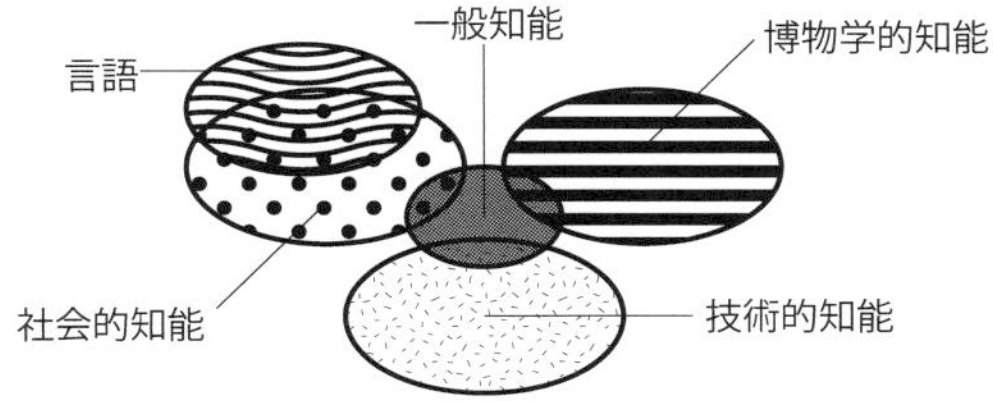

ネアンデルタール人

Steven Mithen “Prehistory of Mind” , 1996

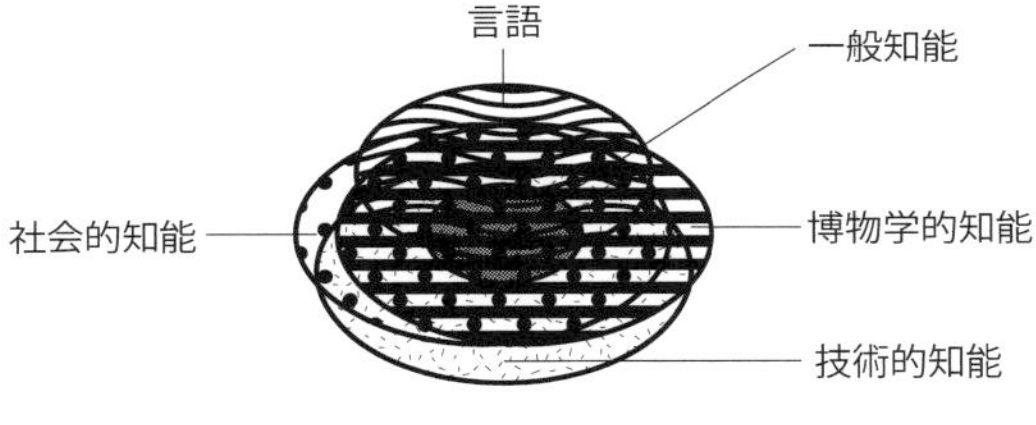

ホモ・サピエンス

途が決まった工具が入っている道具箱のようなものであって、我々はそれぞれの局面で必要なツールを取り出しては使っている――脳はツールボックスであるという考えが主流になりつつありますが、マイセンはそうしたツールボックスのような脳がネアンデルタール人のころに出来たと言っているわけですね。

長谷川　寒冷期に生きたネアンデルタール人にとっては、獲物となる動物の生態を知ることや、食料保存の技術などを考え出すことはまさに死活問題だったでしょう。博物学的知能とは動植物を分類して、その特徴などを把握するメタ認知の機能、技術的知能は食糧を保存したり、道具を作るのに必要な知能、社会的知能は集団の中で協力し合っていく知能ということで、どれも寒冷期を生きるネアンデルタール人には必要不可欠なものだったと思われます。マイセンは、ヒトの知能はこの三つの「道具」からスタートしたと考えています。

ちなみに彼の推定ではネアンデルタール人は言語能力はそれなりに発達はしていただろうとしています。しかしながら、先ほども述べたように彼らは芸術やトーテミズム（原始的な部族信仰）、複雑な道具などを作り出せなかったので、おそらく一般的な知能が乏《とぼ》しかったのだろうとも言っています。

山　岸　裏を返せば、私たちホモ・サピエンスは芸術や信仰、あるいは複雑な道具を考える知能でネアンデルタール人よりも優れているというわけですね。

「社会」の誕生

長谷川　ホモ・サピエンス、つまり現代人の登場はおよそ二〇万年前のことですが、ここで初めて「社会」というものが生まれたんじゃないかと思います。

山　岸　長谷川先生の考える「社会」の定義とはどういうことなんでしょう。

長谷川　それを一言で言うならば、ヒトの社会は幻想を共有する集団だということですね。

山　岸　それは面白い着眼点ですね。でも、社会を作る生物は、ヒトだけではありませんよね。群れを作って生活する動物はたくさんいますし、ハチやアリのように集団の中で明確な役割分担を持つものもあります。そういう社会と私たち人間の作る社会は、どこが同じで、どこが違うのでしょう。

長谷川　あらゆる動物は「単独性」か「社会性」かに分類できます。単独性の動物は、群れを作らずに一匹だけで生きている。家族を持つこともないし、子育てもほとんどしません。繁殖するときだけはオスとメスが一緒になりますが、それ以外は個体同士の関係性がなく、卵も生みっぱなしで死んでしまいます。

それに対して、何らかの形で複数の個体が群れを作って生きているのが社会性の動物ですね。これには、ピンからキリまであります。

たとえばアフリカの大草原にはヌーのような大型の有蹄類《ゆうているい》が何万頭も群れを作っていますが、あれは単に一緒にいるだけで、個体同士の関係性はほとんどありません。大勢で一緒にいるといわゆる「薄め効果」で捕食されにくくなるから、群れを作る。それだけの話ですから、複雑な相互作用はありません。

山　岸　大きな集団であればあるほど、自分が捕食される可能性は減るというのが「薄め効果」ですね。

長谷川　一方、サルや類人猿の群れでは個体同士が識別し合っていて、その中で順位を作ったりしていますので、私たちの考える社会に近いものがありますが、動物学的に言うとヌーもサルもともに「社会性」の動物とされます。

生物が社会性を持つ理由についてはいくつか仮説があります。先ほどの捕食回避も、その一つですね。また、食べ物などの資源を同種の個体同士で奪い合うより、集団を作って他の集団と対抗したほうがいいという面もあると考えられます。もう一つは、繁殖ですね。一組のつがいで子育てをしているより、みなで集まって、その中でたくさんの子どもを育てれば、より子孫が繁栄するようになる。

「幻想の共有」で社会は作られている

長谷川　ヒトの社会も、元々はこうした理由から生まれたものであるのは間違いないわけですが、決定的に違うのはヒトの社会がまとまりを保っているメカニズムです。それが何かというと、私は「幻想の共有」ということだと思うんです。

山　岸　先ほど、ネアンデルタール人にはトーテミズムがなかったとおっしゃいましたが、まさにそれが幻想ですね。

長谷川　自分たちの部族には「ご先祖さま」がいて、それがチーターだったり、鳥だったりするというのがトーテミズムですが、こうした形で仲間意識を共有するというのはゴリラやチンパンジーにはないし、おそらくネアンデルタール人にもなかったでしょう。

山　岸　幻想の共有とは近代国家においても通用する話ですね。

たとえば幕末維新までは「日本人」は存在しませんでした。日本列島に暮らしていたのは、何とか藩の藩士だったり、あるいはどこそこの町人、職人という存在で、それらを束《たば》ねる概念が存在しなかった。幕末の維新の志士たちは、藩の垣根、身分の垣根を越えて「日本」という国を作らないといけないと考えたわけですが、これこそが幻想ですね。でも、そうした幻想がなければ、同じ日本列島の中に暮らしていたとしても、同胞意識は生まれなかったでしょう。もちろん、それは日本に限ったことでなく、フランスでもイギリスでもアメリカでも同じわけですが。

それにしても「幻想が社会と群れとを区別する」という話は実に面白いと思います。

長谷川　社会とは何か。その定義はさまざまにあるんでしょうが、群れと社会を考えると割合、分かりやすいと思うんです。というのは動物の作る群れには帰属意識は必要ないんですね。とにかく物理的に同じ空間にいれば群れということになるんですが、ヒトの社会はそれ以上のものがないといけない。それは帰属意識ということだろうし、「あいつと俺とは仲間だ」という感覚だろうと思うんです。

山　岸　逆に言えば、人間の場合、ただ同じ場所にいても社会にはならないということでしょう。

長谷川　そこには何らかのファンタジー、幻想が必要なんですね。同じ国民だとか、同じ組織の一員だとか、そういうアイデンティティの共有が人間の社会にはかならず必要なんだと思います。

仲間意識でサバイバル

長谷川　ここから先は山岸先生のご専門の話になるわけですが、個としては生き延びていくことができなかったヒトは社会を作って、その中で相互に助け合うという進化を遂げました。

この相互に助け合う行動のことを、社会心理学では「利他行動」と言うわけですが、こうした利他行動は「ギブ・アンド・テイク」という簡単なロジックでは説明がつかないですよね。

山　岸　ええ、単純な話、誰かが自分のために何かをしてくれると分かっていれば、それにタダ乗りしたほうがいいわけで、いちいちお返しするのはむしろ合理的ではない。でも、そういう合理的な判断をみんながしたら、社会は成り立ちません。

長谷川　そこで大きな役割を果たすのが幻想、言い換えればアイデンティティですよね。「あいつと俺は分かちがたい仲間、身内なんだ」と思えるかどうかがヒトの利他行動の鍵になる。

山　岸　これは前に長谷川先生にお話をしたことがあるからご記憶だろうとは思うのですが、私たちのやっている研究では、どういう条件下では人は助け合うのか、あるいは逆に非協力になるのかということを実験で調べています。そこでまず分かったのはたとえば実験の前に二つの絵を見せて、どちらが好きかということだけで組み分けをしたとしても、同じグループに属している人たち同士は助け合うが、違うグループの相手だとなかなか協力関係が築けない。

人間はたとえ「クレー（左）を選ぶか、カンディンスキー（右）を選ぶか」という基準であっても「身内」を特別扱いしたくなる生き物なのだ

長谷川　お聞きした話では、絵を見せてどちらが好きかを訊ねてグループ分けをするんでしたね。

山　岸　この実験ではクレーとカンディンスキーを選択してもらいました。

長谷川　それは素晴らしい選択。どっちも抽象画で、どれがクレーかカンディンスキーか、素人目には区別がつきませんものね。

山　岸　そこをあえて選んでもらって、それでグループ分けをする。どっちの絵が好きかなんて、その人の趣味でしかないし、また同じ人でも日によっては選ぶ絵が違うかもしれない。普通に考えたら、そこでアイデンティティを共有できるとは思わないじゃないですか。

ところが面白いことに、同じ組になった人同士は協力関係を結ぼうとするし、そうでない人たちとは協力関係が作れない。

長谷川　それはつまり、どういう基準であっても同じグループに入れられたら、そこに人間は帰属意識というかアイデンティティを持ってしまうということですね。

山　岸　本当ならば、自分と同じ絵を好きな人を助けなくてはいけない義理はどこにもない。でも、相手は自分の仲間だと思うとついつい助けてしまうんですね。

長谷川　人間は自分から幻想の共同体を作り出してしまう存在であるとも言えますね。

山　岸　同じ側にいる人に仲間意識を感じる、そういう心の動きを持った個体のほうが進化環境においては生き残れた。そして、そうした心の動きが今でも私たちの脳の中にあるということですね。

長谷川　たしかに大自然の中で生き延びていくためには、とにかく仲間意識をおたがいで持ち、協力関係を作れないと共倒れになってしまいます。だから、一緒にいるだけで相手に愛着を持つような心になっているんでしょうね。そこで「こいつと行動したら損か得か」などと考えている暇なんかない。

「つい」助けたくなる心

山　岸　と言っても、そこで同じ側にいたらみんな自動的に仲間だと思って助け合うかというと、実はそうでもない。そこまで人間は単純ではないんですね。

というのも、さらにその実験を細かく条件分けしてやっていくと、相手と自分がともに同じ組であっても、相手側がこちらを同じ組の人間だと認識していないことが分かると、協力的な行動をしないことが分かった。

長谷川　こっちは相手を仲間だと思っていても、相手がそう思っていてくれないのでは親切にする意味がないというわけですね。非対称性があるとダメ。

山　岸　でも、どこまでも「打算的」な行動ができるかと言えばそうではない。

たとえば一回きりのゲームをやってもらって、そこで利他行動ができるかどうかを調べる。その場合、相手に対して協力的な行動をしても「お返し」は期待できませんよね。だったら、利己的な行動をしてもいいはずなんですが、おたがいに仲間だと認識しているとつい協力的に行動してしまうんですね。

長谷川　「つい」というところがポイントですね。

山　岸　先ほど長谷川先生がおっしゃったとおり、ヒトの進化環境ではそうやって仲間同士で助け合う行動を採ったほうが生き残りに有利に働いたんでしょう。だから、相手と自分が同じ集団に属していると分かるとつい優遇してしまう。社会心理学の用語で言うと「内集団《ないしゅうだん》びいき」が起きるんですね。

長谷川　卑俗《ひぞく》な言葉で言えば、身びいきということですね。

そうやって考えると、そもそもネアンデルタール人と違ってホモ・サピエンスがトーテミズムや神様を信じる能力を持っているのも、そうした内集団びいきを強化するために必要であったという解釈もできますね。

山　岸　同じ神様を信じているということになれば、より結束は強まるでしょうね。

なぜ人は神を信じるのか

長谷川　進化心理学者のジェシー・ベリングはその著書『ヒトはなぜ神を信じるのか』（化学同人）の中で自分の小学二年生時代の思い出を書いているんですが、友だちの家に遊びに行ったとき、そこに飾られていたイースターエッグを間違って壊してしまうんですね。

でも彼はそのことを告白せずに、ずっと黙っているわけですね。で、その友だちのお母さんが「ジェシーが壊したんじゃないかしら」と気づいて、彼を問い詰めるんです。すると、幼いジェシーはそこで「神に誓って、僕はそんなことをしていません」とつい言ってしまった。もちろん、これは子どもにありがちな言い逃れなんですが、彼はその日から「ウソをついておきながら、神様を引き合いに出した僕には天罰が下るんじゃないか」とノイローゼみたいになってしまう。

彼の家庭は父親がプロテスタントで、母親がユダヤ人なんですが、家庭には一冊も聖書がないという、非宗教的な環境で育ったそうなのです。なのに、なぜ自分はあのとき、神様から天罰が下るかもしれないと考え、心の底からおびえたのだろうかと彼は自問するわけですね。そこから彼は進化心理学の研究へと進むことになったというのですが、大人から教えられなくても神様の存在をリアルに想像できるというのはたしかに面白いですね。

山岸　なぜ人は神を信じるようになったのか、言い換えるとなぜ神を信じるような脳が進化によって生まれたのかというのは、たいへん興味深いテーマですね。これについてはいろんな説明ができるんだけれども、大きなファクターとしては、やはり人が集団の中で暮らすようになったという事情がからんでくると思います。

集団の中で他者と協調していく生き方を選んだ人類が進化させたことの一つは、つねに他者の目を意識するということです。

長谷川　社会の中で協調して生き残っていくには、他者からの評価が大事ですものね。

山岸　だから人間の心というのは他者の視線に過敏に反応するようになっているんです。

「:・」のマジック

山岸　僕たちの実験で、あるとき、「これこれのシチュエーションのときに、あなたはどうしますか」というような設問に答えさせるテストをやってもらったことがあります。

たとえば、「大事な約束に遅れそうで急いでいるのだけれど、腰の曲がったおばあさんが横断歩道を渡ろうとしている。おばあさんは歩くのが遅いから事故に遭うかもしれないが、しかし、彼女をエスコートしていたら遅刻してしまうかもしれません。どうしますか」というような質問ですね。

で、このテストでは、質問者が目の前にいるのではなくて、被験者は個室にいて、パソコンのディスプレイを通じて答えるようになっているのですが、その質問画面にはちょっとした仕掛けがしてあって、端っこに小さく三つの点が「∵」のように表示されているものと、表示されていないものがある。

すると「∵」と表示されている画面で答えた人たちのほうが利他行動を選ぶ、つまり遅刻してもおばあさんを助けるという答えを選ぶ人のほうが多くなった。

長谷川　それはなぜだと思われますか？

山　岸　これはおそらく「∵」の組み合わせだと、人間の脳はそこに顔を見ちゃうからでしょうね。

長谷川　ああ、なるほど。上の二つの点が目で、下の一つが口。顔に見えないわけではない。

山　岸　逆三角形の点を人の顔だと認識する脳の働きのことを「シュミラクラ現象」と言うのですが、そのくらい、人間というのは他者の目線に敏感にできている。

先ほど、相手が自分を仲間だと認識していることに気がついていると、利他的な行動を選ぶようになるとお話ししましたが、それがここでも働いています。つまり、個室の中には自分以外はいないのだけれども、逆三角形の点があることで、他者が自分の行動を見ているのだと誤認識するので、利他行動を選択するんですね。
で、こうした心の働きが昂《こう》じると、誰もいないのに「何者か」が見ているような気持ちが生まれてくるわけですね。
たとえば一人きりで部屋にいるときに、何か良からぬことをやったり、考えたりする。そのときに風か何かで部屋のドアがばたんと閉まったりする。そういうときに、えてして人間は「ああ、これはそんなことをしてはいけないという神様のお告げなんだな」とか思ったりする。

長谷川　本当は誰もいないのに、心は「誰かがいる」と仮定して反応してしまうんですね。

山　岸　そこで反射的にドッキリするんですが、部屋には誰もいない。そこで人間はいわば逆算して、「神様がいるんだろう」と推定するようにできているんですね。

長谷川　これも進化の面白いところで、「見渡したところ誰もいなければ好き勝手に振る舞ってよい」というルールを組み込んでもよかったはずだけれども、でも、それだと本当は誰か見ているのに気がついていないというリスクを冒す可能性もある。

ヒトの脳は「顔らしきもの」に反応するようにチューニングされている

だから、「たとえ人が周囲にいないようでも、いるかのように振る舞ったほうがいい」という仕組みになったんでしょうね。

「日本人らしさ」という幻想

山　岸　ちょっと話はずれてしまうのだけれども、私たちの研究では、そうした「状況がよく分からないけれども、とりあえずこうしておけば無難《ぶなん》だろう」と選択するのをデフォルトの戦略と呼んでいます。

長谷川　卑近な例で言えば、たとえば未知の人の家を訪問したら、美味しそうなケーキとお茶が出された。そのときにケーキに手をつけるか、つけないか。わざわざ出してくれているんだから食べても問題はないんだけれども、すぐに手を出すと図々しいように思われるかもしれない。逆に手をつけないと好意を無にしたと思われるかもしれない。さてどっちを選ぶかというような話ですね。

山　岸　そのとき、「心のあり方が行動のあり方も変えるのだ」と考える人たちは「日本人は遠慮深いから、出されたケーキは食べないだろう」「アメリカ人はフランクだから、出されたケーキを喜んで食べるはずだ」と思うわけなんですよね。たとえば文化心理学などではそのように考える人が多い。

長谷川　でもそれは違いますね。アメリカ人と日本人の行動が違うからといって、アメリカ人と日本人の心のあり方も異なると考えるのは誤った推測ですね。

山　岸　もちろん全体としては日本人のほうが遠慮する人が多いし、アメリカ人のほうが遠慮しない人が多いと思うけど、そのことは必ずしも「心の違い」を意味するわけではない。

長谷川　そもそも「日本人らしさ」とか「アメリカ人らしさ」といったものは幻想です。生物学的に見れば、日本人もアメリカ人もともにホモ・サピエンスです。そこに大差があるわけはない。

「ボールペン実験」はどこが間違っていたか

山　岸　ところがそうした基本的な事実が社会心理学者の中でも分からない人がいるんです。以前、ボールペン選択問題という研究論文が発表されました。

それは簡単に言うと、空港で声を掛けた被験者に簡単なアンケートに答えてもらい、そのお礼としてボールペンを一本だけプレゼントする。その際に、実験者は五本のボールペンを一度に取り出して、その中から好きなのを選んでくださいと言うのですが、四本は同じ色で、一本だけが違う色なんですね。そうやって実験したところ、白人は一本きりしかないボールペンを選び、東アジア系の人たちは多数派のボールペンを選んだ（ボールペンの色を三対二で分けた場合でも結果は同じでした）。

そこでこの実験をした人たちは「白人はユニークなものを選ぶ性質があるけれども、東アジア人は他者との協調を重んじる傾向があるので多数派のボールペンを選んだ」という結論を出した。

長谷川　その説明を聞いただけでも、ずいぶん乱暴な研究だなぁと思いますね。「最初に結論ありき」というか……。

山　岸　この論文を読んだ瞬間に私もこれはひどいと思ったんですね。だから、すぐにこの実験が間違っていることを証明する実験をやった。

長谷川　すぐに実験して反証したというのがいかにも山岸先生らしい。

山　岸　誰でも心当たりがあるでしょうが、人間というのは何でも自由に物事を決めているようで、実はそうでない。それをやったときに周りの人がどう思うかということも考慮しつつ、どうするかを決めるものです。

長谷川　ああ、なるほど。ボールペンを選ぶときにもその思惑《おもわく》が働いていると。

山　岸　そのとおりです。だから、私がやったのはまず第一にボールペンを選択してもらうところまでは同じですが、選ぶ段になったところで実験者が「ちょっと用事があるので」と言って席を外して、勝手に選んでもらってそのまま帰ってもらう。そのときのボールペンの選択はどうなるかを調べたんです。

長谷川　面白い！

山　岸　すると、誰もいない状況だと東アジア人（私の実験では日本人でしたが）でも白人と同じ比率で、ユニークなほうのボールペン、一本だけ色が違うものを選んだ。

長谷川　要するに日本人は人目を気にしているわけで、けっして「控えめな心」の持ち主なんかではないと。

山　岸　それと同時にもう一つの状況を作って比較してみました。と言っても、こちらは実際に実験を行なうのではなく、「そのような状況だったらあなたはどうしますか」という場面想定法を用いたのですが、同じ場所に五人の被験者がいて、あなたが五人のうちで最初にボールペンを選ぶことになったら、少数派・多数派のどちらのペンを選ぶかを訊ねたんです。

長谷川　それは容易に想像がつきますね。他の人たちがいる状況ではたった一本しかないユニークなボールペンを先に取るのは勇気が要ります。

山　岸　おっしゃるとおりで、こういう状況に置かれると白人でも日本人でも多数派のボールペンを選ぶ比率はほぼ同じになるんです。

長谷川　つまり、どっちのボールペンを選ぶかは「心」が決めているんじゃなくて、状況が決めているんだということですね。

山　岸　そして、その状況を明確にしてやれば肌の色や、育った環境は関係なく同じことをするということですね。なぜ最初の実験では同じにならなかったのかというと、それは被験者たちが自分の置かれている状況がよく分からなかったからです。

長谷川　つまり、本当はユニークなボールペンのほうがほしいのだけれども、はたしてそういうことをしていいのかよく分からないので、日本人はとりあえず無難なほうを選ぶ。まさにさっきのケーキの例と同じですね。

山岸　だから強いて言うならば、日本人と白人とでは状況がよく分からないときのデフォルト戦略は違う。日本人はとりあえず無難なほうを選ぶだけのことで、みんなと同じことをするのが好きなわけではないんです。

「日本人の美徳」は状況の産物にすぎない

長谷川　いわゆる「日本礼賛論」では、かならず日本人には謙譲の美徳がある、控えめであると言うわけだけれども、それは何も日本人の心が奥ゆかしいわけではない。閉鎖的な日本社会だと、奥ゆかしそうに振る舞っているほうが諸事にわたって得だからということですね。

よく日本人は海外で成功する同胞を見て「あの人は特別だから」とか言うわけですね。つまり、日本人らしくないから成功したと暗に言っているわけですが、アメリカに行けばアメリカ人のように振る舞うほうが何事もうまく行くし、逆に日本にいたときのように周囲の目を気にしていたらとてもやっていけない。海外に行く人が変わってるんじゃなくて、海外に行ったら変わる。それだけのことですね。

山岸　それは私自身の経験でもありますね。私は若いころにワシントン大学に留学しました。

アメリカに行く前から、少々変わっていたとは思いますが、留学してそれに拍車がかかって、帰国したら周囲からはエイリアン扱いされました（苦笑）。

長谷川　「あいつは日本人じゃない」「アメリカかぶれした」と言われるわけですね。

山　岸　まあ、そんな感じですよね。でも、アメリカに行ったら戦闘的になるとか、攻撃的になるとかそういうことではなくて、みんなが積極的に自己表現している状況だったら自分もそうしたほうが得だし、精神的にも楽です。だって自分だけが気を遣っていても周りからは評価されないわけですから、気を遣うだけムダというものです。だから、会議などではっきりと自己主張をすべきだというのをアメリカで再確認して、日本に帰ってきてもそれを続けたものだからさんざん嫌われました。

長谷川　北大でもそんなものですか。北海道の人は世間からは「大陸的だ」と言われますけれどもね。

山　岸　北海道の社会だって本土とそう変わりませんよ。

長谷川　まあ、日本社会で浮いているというところは私も似たようなものですけれどね。

山　岸　だからこそ我々は気が合うんじゃないですか。

長谷川　たしかにね。

山　岸　で、ここのところは重要なので、もう一度繰り返しておきたいのですが、人間の心の働きそのものはどこの国、どこの地域、どんな人種であろうと変わりはありません。

長谷川　脳の仕組みには変わりがないんだから、それは当然なんですけれどもね。

山　岸　ただ、そこでアジアとアメリカでボールペンのデフォルト戦略が違ってくるのはなぜかというと、それは社会の作り方が違うからなんです。

つまり、日本のような社会では「とりあえず」多数派を選ぶほうがリスク回避できる社会であり、一方、アメリカでは「とりあえず」ユニークなほうを選ぶほうが有利な社会であって、その環境の違いが見た目の行動の違いにつながっているというわけです。

社会もまた環境の産物である

長谷川　だが、これに対して「社会の作り方の違いが国民性の違いということじゃないか」と言う人もあるかもしれません。

山　岸　しかし、結論を先に言ってしまえば、社会の作り方は大きく言えば二つしかありません。一つは集団主義的な社会、そしてもう一つは個人主義的な社会——前者は閉鎖的な社会、後者は開放的な社会と言ってもいいでしょう。

長谷川　山岸先生はそれぞれを「安心社会」、「信頼社会」と定義されていますよね。人々が相互に監視し合うような閉鎖的な社会では「安心」は担保されるけれども、実はおたがいをそんなに信頼しているわけではない。逆に開放型の社会だと、人の出入りが自由なのでおたがいの素性がよく分からないので安心はないけれども、でも、おたがいを信頼し合っていくことでメリットを産み出していける。

山　岸　戦後の日本社会はずっと前者、つまり集団主義的で閉鎖的な傾向を持っていたことは改めて説明するまでもないでしょうし、アメリカは相対として開放的な社会であることにも異論はないでしょう。でも、アメリカでも田舎のほうに行けば、やっぱり日本のムラ社会のようによそ者を排除して、メンバー同士の評判を気にするところもある。

長谷川　地域共同体に限らず、メンバーが固定化しているところだったらどこでも人間は閉鎖的な社会を作りますね。その典型例が戦後日本の企業組織。長いこと、終身雇用で年功序列制だったから社外の評判よりも、社内の評価のほうが大事で、「出る杭《くい》は打たれる」。

山　岸　でも、そうした閉鎖的な社会のあり方はダメで、開放的な社会でなければいけないという単純な話ではありません。

長谷川　そもそも、その社会がどのような環境、条件に置かれているかによって社会のあり方も決まってくるというわけですから。

山　岸　そのとおりなんです。細かい説明はここではしませんが、戦後の日本の置かれた環境では集団主義的な社会が作られたわけですが、状況が変われば日本も個人主義的な社会にもなる。

長谷川　実際、戦国時代なんかはものすごく個人主義的な社会になりましたし、また幕末維新期もそうだったようですね。

山　岸　そのような時代だと集団主義的な社会の作り方では立ちゆかなくなるので、自然と個人主義のほうに向かっていくわけですよね。

長谷川　で、戦後の日本はずっと集団主義的なやり方のほうがメリットがあったわけですが、国際環境が変化して、冷戦が終わり、経済のグローバル化が進んできたためにそのメリットはなくなって、今は個人主義のほうにシフトしようとしているわけですが、どうもその環境適応がうまくやれていない。

山　岸　まさにその「適応」が問題なんですよね。本当は社会の作り方のほうを変えていかないといけないのですが、それをお説教とか心がけで対応しようとしている。

これについては、この後も採り上げていきたいんですが、それぞれの社会の作り方に対応した行動の違いはありますが、それは「国民性」の違いといったものではないということは理解していただきたいですね。

長谷川　どこに暮らそうと人間は人間であって、マーガレット・ミードが描くような「驚くべき楽園」なんていうのも存在しないんです。

第3章

「協力する脳」の秘密

なぜヒトは社会作りに成功したか

長谷川　先ほど、長谷川先生が「人間社会の特徴は共同幻想を持っているところにある」とおっしゃいましたが、私なりに社会の定義をすると、それは「同種の他個体が別の個体にとって何らかのインセンティブを提供している状況」ということになります。

一般的には、人々からやる気を引き出す報酬のことをインセンティブと呼びますが、ここで言うインセンティブは、もう少し広い意味です。

たとえば単独性の動物は、他の個体がいないと自分の生命が維持できないわけではありません。そこにはインセンティブはないから、一緒にいる必要は生まれませんね。

長谷川　くだいて言えば、「一緒にいれば得になる」状況ということですね。もちろん単独性の動物でも繁殖するためには異性が必要ですから、つがいになることはあっても社会は作らないですね。

山　岸　この点、社会性動物の場合は他の個体が近くにいることがインセンティブになる。たとえばヌーの場合だと群れを作ることで捕食されにくくなり、それだけ自分の生存につながる。もちろん自分がいることで他の個体も捕食されにくい。だからそこで群れが生まれる。

基本的には人間が社会を作るのも、同じように他者がいることがインセンティブになり、自分もまた他者にとってのインセンティブになっている。その点では動物の群れと人間の社会は共通なのですが、インセンティブのあり方が他の動物とは大いに違うと思うんです。

先ほども、「社会性」の問題については触れましたが、とても重要なポイントなので改めて長谷川先生と討議したいと思います。

長谷川　何かをしてもらったら、そのお返しをする――それを互酬性《ごしゅうせい》と言ったりもしますが、他の動物の場合、そのやりとりは同じものの交換になりますが、ヒトの場合はそれがものすごく高度に、複雑になっていますよね。

たとえば、私が山岸先生にバレンタインのチョコレートをあげたとする。これに対してチョコレートをお返しするのではなくてクッキーをくれたとします。チョコレートがクッキーに変わったというだけでも他の動物にないことですが、しかも、そこで一個のチョコレートが一個のクッキーに対応するかというと、かならずしもそうではない。私がものすごく上等なチョコレートをあげたのに、山岸先生は駄菓子屋さんで売っているようなクッキーをくれたとすると、そこに怨みが残るわけですね。

なぜ、こうした複雑な交換が可能になったかというと、サバンナに進出したヒトが生き延びるには単に群れを作ればいいというだけではなかったからです。食糧の調達でも、子育てでも、道具を作るのでも何でもおたがいに協力し合い、知識を交換し合ったりしないといけないのですが、しかし、そこで協力関係を維持するのはけっして簡単な話ではありません。

それぞれの個体は自分の利益を最大化しようとするわけですから、なるべく相手から搾り取って、自分は与えないようにするのがいちばんシンプルな話ですが、しかし、それをやったらあっという間に滅びてしまいますね。かといって、相手を信じてばかりいたら、逆に利用されるかもしれないわけですから、その塩梅《あんばい》がむずかしい。

山　岸　でも実際には人間はサバンナの中で生き延びただけでなくて、さらに大きな社会を作り出した。

長谷川　今や地球のあらゆる場所でヒトは暮らしているし、そればかりか外宇宙にまで進出していますものね。

山　岸　もちろん、その間、戦争は数え切れないほど起きたりしているし、環境破壊などもやっているけれども、それでも人間社会は崩壊せずに続いています。その秘密はいったい何なのか、ということなんです。

「心の理論」

長谷川　その結論だけは分かっています。答えは「進化によって脳が発達したから」です。

山　岸　それ以外には考えられないですね。チンパンジーやゴリラなどと比べて特に肉体が発達しているわけでもないのだから、違いは脳しか考えられない。でも、いったい脳のどのような進化が、ヒトに社会を作らせることを可能にしたのか、実はよく分からなかった。

長谷川　近代的な人間観だと、人間の社会が発展したのは我々に合理的精神があったからだという説明になるわけです。

山　岸　新古典派経済学はまさにその典型ですね。つまり、人々が自己の利益を最大化しようとして行動すれば、あとはマーケット・メカニズムが作動して資源の最適配分が実現できるというわけですが、もちろん、そんな簡単な話ではありません。そもそもマーケットの中で人間は合理的に選択し、行動しているかというと、けっしてそうは言えません。

長谷川　こうした市場原理主義と並行して生まれたのが「俗流進化論」とでも言うべき、社会進化論でした。人間は弱肉強食の世界の頂点に位置する存在で、中でも白人は最も優れている。だから白人がこの地球を支配するのが正しいのだという論理ですね。

山　岸　それをさらに発展させたのがナチスのヒトラー政権であったのは言うまでもありませんが、マルクスの唱えた共産主義理論もまた社会を知性で作り直すことができるのだという点では五十歩百歩でした。

長谷川　やっぱりヒトの社会の本質が分かってきたのはここ数十年のことでしょうね。

山　岸　これについてはどの学問の功績ということではなくて、長谷川先生のやっておられる動物学や進化学も関係しているし、もちろん心理学も貢献しているし、脳科学の発達も大きいですね。そうしたさまざまな角度から新しい人間像、新しい社会像がもたらされてきています。

そうした中で分かってきたのは、人間の場合、社会の作り方のいわば原点になっているのは、自分が心を持っているように、相手も心を持っているのだという認識を持つようになった、これが実に重要であったということです。

長谷川　先ほどもちょっとだけ話に出ましたが、いわゆる「心の理論」の発見ですね。この概念を発見したのは霊長類研究者のデイビッド・プレマックとガイ・ウッドラフで、彼らが一九七八年に発表した論文「チンパンジーは心の理論を持つか？」で、この言葉が初めて使われた。つまり「心の理論」について論じられるようになってまだ四〇年も経っていない。

山　岸　ちょっと堅苦しい言い方になりますが、他の人が何かの行動をしたときに、その原因はその人の内面、つまり心にあると推定する心の働きのことを「心の理論」と言います。

長谷川　英語でいうとセオリー・オブ・マインド。セオリーを「理論」ではなくて、「仮説」と訳すと分かりやすいかもしれませんね。つまり、相手には自分と同じような心があると仮定して考える、というわけですね。

たとえば、相手が自分に対して攻撃的に振る舞っていると感じたら、その理由は相手の内面、つまり心にあるとまず考える。たとえば、自分のことを不快に思っているから、攻撃的なのではないかと考える。

それが心の理論で、その心の理論に基づいて「自分は相手に何か嫌われるようなことをしたのではないか」と考えたり、あるいは相手の心を和ませるような行動を選択するわけですね。

山　岸　でも、実際はそうでないかもしれません。他人の心は見えませんからね。

長谷川　そうですね。本当は単に睡眠不足で気が立っているだけかもしれない。

サリーとアン

山　岸　睡眠不足は心の問題ではなく、体調の問題です。だから「相手が自分に対して含むところがあるのではないか」と考えるのは間違った推定なのですが、でも、人間が進化するうえではそういう推定をするほうがメリットがあった。そこでそういう心の仕組みができあがったのでしょう。

さまざまな実験から、こうした心の理論は子どもでも三〜四歳にならないと身につかないことが明らかになっています。

長谷川　有名なのは「サリーとアン問題」。

山　岸　子どもにサリーとアンという二人の女の子が出てくるお芝居を見せる。最初はサリーとアンが部屋の中で一緒に遊んでいるのですが、サリーはボールをカゴの中に入れて部屋の外に出て行く。すると残ったアンがそのボールを別の箱の中に移してしまいます。そこにサリーが戻ってくる――という物語を見せた後に、被験者の子どもに「この後、サリーはボールをどこから出そうとしますか」と聞く。

すると、心の理論が発達している子どもは「（サリーはボールの置き場所が変わっているのを知らないので）カゴから取り出そうとする」と答えるのですが、未発達な子どもだと「箱から取り出す」と答える。彼らはサリーの立場になって考えられないので、自分が見たことをサリーも知っていると思って答えるわけですね。

長谷川　類人猿に心の理論があるかについては諸説あります。ヒヒやチンパンジーが他者を欺く行動をしたという報告があって、それが正しいとすれば、彼らにも心の理論があるということになるのですが。

山　岸　他者を騙すというのは心の理論がないとできませんからね。騙すとは「相手を適切に誘導することによって、自分に都合のいい現実（つまりウソ）を信じさせよう」ということですから、そこでは相手の視点に立って物事を考えるという技術がないといけない。

長谷川　かりにヒヒやチンパンジーが「騙し」をできるとしても、人間ほどの心の理論は持っていないと考えるべきでしょう。

ヒトだけが「世界の状態」を語るのはなぜか

長谷川　チンパンジーに言葉を教えるというプロジェクトはいろいろと行なわれていて、一般の人にもよく知られています。彼らはヒトのような発声器官を持たないので言葉は話せませんから、

これはサリーです　　これはアンです

サリーは、かごをもっています　　アンは、箱をもっています

サリーは、ボールをもっています　サリーはボールを自分のかごに入れました

サリーは、外に散歩にでかけました

アンは、サリーのボールをかごから取り出すと、自分の箱に入れました

さて、サリーが帰ってきました
サリーは自分のボールで遊びたいと思いました

サリーがボールを探すのは、どこでしょう？

イラスト 都築昭夫

キーボードや文字盤などをコミュニケーションの道具にすることで単語を覚えさせるわけですが、だいたい三〇〇語くらいまでは覚えられて、それらの単語を組み合わせて、単純な文章を作ることもできるようになります。

しかし、そこで彼らが語る内容を子細に検討すると、ほとんどすべて自己の欲求を表現するものなんですね。たとえば「リンゴがほしい」とか「扉を開けて」といったことで、彼らは「世界の状態を描写する」ことがない。ここがヒトと類人猿の大きな違いでしょう。

山　岸　「世界の状態を描写する」。実に印象的なフレーズですね。

長谷川　ヒトは幼いうちから「このお花はピンクね」とか「雨が降ってきた」、あるいは「何々ちゃんが来た」とか話しますよね。それが世界の状態を表現するということです。

山　岸　それができるのはヒトだけだというわけですね。

長谷川　類人猿に限らず、動物のコミュニケーションは、ほとんどが単なるシグナルなんですね。自分自身の状態についてあるシグナルを発して、相手がそれに反応して行動してくれればそれでいい。

しかし人間のコミュニケーションはシグナルではありません。相手が自分と同じような心的表象を持っていることを大前提として仮定したうえで、お互いの心的表象を重ね合わせようとするのが、人間のコミュニケーションです。

山　岸　相手も同じように「世界」を見ているという前提があるからこそ、世界を表現する意味も出てくる。そういうことですね。

長谷川　たとえば動物が外敵を追い払うために吠えるのは、シグナルです。それ自体は怒りの表現ですが、相手に「私は怒っているんだ」と理解してもらいたいわけではない。要するに、警告シグナルに反応して相手が去っていけばそれでいいわけですね。

なぜ幼児はおしゃべりが好きなのか

山　岸　犬はネコと心を通じ合わせようとして吠えているわけではないでしょうからね。

長谷川　つまり動物のコミュニケーションとは自分自身の情動を外に表わすもので、それによって他者を動かすことを目的にしている。

ただし、動物でも世界の状態を表わす例がないわけでもありません。それは警戒発声です。「ヒョウが来た」「ワシが来た」といった捕食者の登場を表わすシグナルは自分自身のことを記述しているわけではありません。「リンゴがある」と同様、世界の状態を伝えているわけですが、その警戒音声も、捕食者の接近による恐怖反応である可能性も否定できません。自分の恐怖を表出したことが、結果的に世界の状態を伝えているだけで、本当の目的は、それを聞いた個体に逃走という適切な行動を採らせることにあるわけですから。

これに対して、人間のコミュニケーションでは自己の情動を表現する以上のことが行なわれています。

人間のコミュニケーションの多くは「自分の状態」ではなく「世界の状態」について語るんですよ。「リンゴがあるよ」とか「これは紅茶ですよね」とか「お天気が悪いね」とか、いずれも自分のことではない。世界の状態です。

では、人間はなぜ世界について言及できるかというと、先ほど山岸先生がおっしゃったように、たとえば天気なら天気に関するイメージや観念（心的表象）が他人にもあることが分かっていて、相手の頭の状態と自分の頭の状態をすり合わせることができるからですよね。

人間は言葉を話し始めたくらいから世界の状態を語り始めます。母親と小さな子どもとの会話を聞いていると、「お花、きれい」「そうね、きれいね」とか、「ワンワンかわいい」「うん、かわいいね」などと言っていますね。きっと幼児にとっては世界を表現することが愉しくてたまらないんでしょう。自分が見ている世界と母親が見ている世界が合致していることを確認しているのです。動物はこういうことは絶対にやりませんね。

人間社会を支える「心の読み合い」

山　岸　心の理論は、単に集団生活を送るためだけではなく、人間の言語、知性の基盤になっているというお話だと思うんですが、それと同様に社会の基盤にもなっている。

人間は「他の人も自分と同じように心を持っているのだ」と当たり前のように思っていて、その前提があるから、自分が何かをしたときに、それを他の人はどのように評価するのかということを想像したり、気にしたりする。

先ほど紹介した実験で、どのボールペンを選ぶかということも、まさにその思惑が大きく関係していますが、でも、本当は周囲の人がどう思っているかは分かりませんよね。

長谷川　分からないんだけれども、先回りして「ここは多数派のボールペンを選ぶのがいいんじゃないか」と思ったりする。

山　岸　「こういうことをする私のことを、相手はどう見ているのか」と「相手の目に映る自分」を想像するだけでなく、『『こういうことをする私のことを、相手はどう見ているのか』と始終気にしている私を相手はどう見ているのか」とまで考えたりする。

長谷川　恋愛なんていうのは、まさにその際限ないプロセスですよね。「相手によく思われたいから、こういうふうに行動したのだけれども、その下心が透けて見えていないだろうか」と思ったりしてくよくよ悩む。

山　岸　人間の社会はそうした「心の読み合い」をおたがいにすることによって、一種の安定状態を得ているのだというのが私の考えなんです。つまり、それぞれの人間が相手の行動を予測したり、相手の内面を推定して行動していくプロセスの中で、ある種の秩序が生まれてきているわけですね。

長谷川　そうした心の理論がいわゆる「共感する心」を作っているんですか。

山　岸　そう思われやすいんですが、実は調べてみるとそうではないんですね。

まず第一に先ほど、「三〜四歳で心の理論は身につく」と言いましたが、いろんな実験をしてみると大人でも実はほとんど心の理論を使っていないことが分かった。

長谷川　それは驚きですね。ということは、心の理論がなくても生きていける？

山　岸　そのあたりが微妙な話になってくるんですが、心の理論を始終使わなくても日常生活には支障を来《きた》さないということですね。

たとえば「出されたコーヒーを飲むか、飲まないか」という問題について、私たちはいちいち相手の心を読んで行動しているわけじゃない。「こういうときはコーヒーにすぐ手をつけるのは礼儀作法に反している」というルールを学習して、それを実行する。

長谷川　そのほうが省エネではありますよね。

山　岸　実生活においてはさほど、心の理論の出番はないんですね。でも、ごく一部、これを積極的に活用している人たちがいるんですよ。それが詐欺師。

長谷川　詐欺をするには相手の心理を読まないとダメだから、心の理論をフル活用する。

山　岸　たしかに心の理論は社会を構築するうえでの「必要条件」ではあるんです。でも、それだけで社会が作れるかというとそうではない。つまり、「十分条件」ではないんです。

長谷川　心の理論だけだと、詐欺師にとっては楽園の社会になってしまう？

山　岸　まあ、そうも言えるかもしれないですね。
そこでもう一つ重要になってくるのが共感能力ですね。

共感する力とは

長谷川　共感能力と心の理論は別ものなのですね。

山　岸　共感能力には二種類あって、認知的共感と情動的共感。前者の認知的共感のほうは心の理論に関係がある。つまり、こういう状況に置かれたら私は悲しいと思うはずだから、その状況に置かれている彼/彼女も悲しいと思うに違いないと推定する。

長谷川　ロジカルな推論ですね。

山　岸　こちらの共感を「理論理論（Theory Theory）」とも言います。変な言葉に聞こえるかもしれませんが「人はこういう状況ではこんなふうに感じたり、考えたりするものだ」という理論（仮説）を作ることによって、人間は他人の感情や考えていることを推論しているのだという理論です。

長谷川　子どもよりも大人のほうが他者に対してより深く共感したり、同情できると思うのですが、それはやはり「理論理論」のおかげでしょうね。でも、たとえば悲しい物語を聞いてついホロリとするというのは、理屈を超えた、情動的なものですよね。

山　岸　おっしゃるとおりで、たとえば私たちはたとえ見ず知らずの人間であったとしても、思い切りぶん殴れるものではありません。本当は殴りたいくらい怒っていても、実際に手を出すと力が抜けてしまいます。それは心の中で、相手の痛みをついシミュレートしてしまうために、ブレーキがかかってしまうんですね。それを情動的共感と言い、「理論理論」に対して「シミュレーション理論」と呼んだりもします。

長谷川　相手の痛みを先回りして感じてしまうので、抑制が働いてしまう。だからこそ、ボクサーや武道家たちはそういう抑制を外すために普段からトレーニングをして、「型」を身につけるのでしょうね。兵隊の過酷な訓練もそのためでしょう。

山　岸　私たちが詐欺師になれないのも、騙されたらこういう気持ちになるだろうということをどこかでシミュレートしているからかもしれません。

長谷川　おそらくそうしたシミュレーションを司《つかさど》っているのがミラーニューロンでしょうね。

ミラーニューロンは一九九六年、イタリア・パルマ大学のジャコーモ・リッツォラッティが発見したものです。彼はマカクザルがエサを取ろうとするときに脳のどの神経細胞が活性化するのかを調べている過程で、実験者がエサを拾い上げようとしているのを見ているときに、マカクザルの脳の中でも、サル自身がエサを拾い上げるときに使われる神経細胞が活性化していることに気がつきました。

このミラーニューロンがヒトの共感能力にどのような関係があるかについては分かっていない

ことも多いのですが、でも、山岸先生がおっしゃるようにおそらく、ヒトは他者の痛みや苦しみを自動的にシミュレーションする「回路」を持っているのでしょうね。それがミラーニューロンであろうと言われています。

情があっては政治はできない

山岸　ただ、これも全員に備わっているわけではないんですよね。世の中には反社会性パーソナリティ障害といって、他者を攻撃したり、傷つけることにためらいを感じない人たちがいることは知られていますが、彼らはそういうシミュレーション能力が先天的に欠けているのではないかと言われます。

ただ、こういう情動的共感能力を持っていない人が本当に「反社会的」なのかというと私には異論があるんですよ。

というのも、世の中には「情においては忍びないが」と決断しなければならないことがたくさんある。いや、むしろ政治などはその連続ですよね。

長谷川　そのときに共感能力がありすぎても困る、と。

サルやヒトの脳には他者の痛苦をシュミレートする回路が備わっていて、それが共感のベースになっているとされる

山　岸　たとえば規制緩和をやる。それ自体はいいことかもしれないけれども、それによって既得権益がなくなって路頭に迷う人が出てくる。そういう「犠牲者」が一人も出ないようにする、というのは理想としては美しくても、とても現実には不可能ですよね。

あるいは経済活動だってそうですよね。企業経営のためには人員整理をしなくてはならないこともある。そこで情に流されていたら、会社は潰れるかもしれない。

長谷川　私が政府の会合などで見かける政治家や官僚の中にも「この人って本当は共感能力がないんじゃないか」と思わせられる人、多いですよ。

山　岸　うーん、そういう人たちがみんな共感能力を欠落しているわけではないと私は思うんです。やっぱり情動的共感の能力はあるんです。でも、それだけに頼らずに、というか、それに流されずに、より論理的に考えることができる人たちが世の中に一定数いるんだと思います――実は私はそれについて、最近、論文を発表したんですよ。

長谷川　どういう内容なんですか。

詐欺師の「心」を考える

山　岸　ご存じのように私はさまざまな実験やリサーチを通じて社会心理学を研究しているわけですが、あるとき、東京郊外の住民を対象に社会実験をしていたんです。それは本来、別の目的でやっていた実験なのですが、ふと気になって共感能力とその人の収入や社会的地位の相関関係を調べてみた。
そうすると、全員が全員ではないのですが、収入や社会的地位が高い人たちの中には情動的共感を抑制して、よりストラテジック、つまり戦略的に物事の判断ができる人たちが多いことが分かった。

長谷川 なるほど、情に流されずリストラできるような人ですね。

山　岸 そういう人たちは冷酷なように見えます。しかし、そうやって人員整理をしないと会社全体が潰れるかもしれない。そうなったらもっとたくさんの従業員の生活に影響が出るわけですよね。

長谷川 たしかに今、リストラ通告をする従業員に対して同情しているだけではダメで、将来、失業するかもしれない人たちの身の上をも同情できる人でないとリーダー失格ですね。

山　岸 相手の気持ちをシミュレーションする方法は人間に本来的に備わっているものですから、それは誰しも簡単にできるんです。言ってみればコストはかからない。だから情に流されて決断するほうが楽なんです。

長谷川 でも、それではたしてみんなのためになる決断が導かれるのか。

山　岸 ただ、そこで大事なのは単に冷酷で、目的合理的な決断を下せればいいというものじゃない。それでは人はついてきませんよね。だからそこでちゃんと相手の身になってきちんと説得できる人じゃないといけない。

長谷川　「あなたがつらいのも分かるけれども、ここは一つみんなのためを思って……」と言うわけですね。でも、それは一歩間違えると詐欺師の世界ですよね。

山　岸　おっしゃるとおりで、常習的な詐欺師というのはきっと情動的共感を抑制できる人たちですよね。目の前の相手がその結果、悲しむと分かっていながら嘘を言う。嘘を言うばかりか、「あなたのことを本当に心配しているんだ」と相手に信じ込ませることもできる。シミュレーション理論ではなくて、理論理論で相手の気持ちを想像できなくてはプロの詐欺師にはなれないでしょう。

リーダーの条件とは

長谷川　詐欺師も政治家も私から見たら五十歩百歩ですけれどね。

山　岸　まあ、それは否定しませんが、でも、そういうふうに情動的共感に流されないで決断する人じゃないとリーダーにはなれません。肉親や友人には共感を示せるけれども、社員の気持ちになれないというのでは組織は運営できません。

長谷川　歴史に名を残すほどのリーダーたちは、冷酷さもあるが、一方で情にあふれていたと評されますよね。

山　岸　カエサルとかアレクサンダー大王は兵士たちからの信望も厚かったけれども、たくさんの兵を自分の野心や目標のために戦死させることもできました。

長谷川　それはやはり理論理論で部下に接していたということでしょうかね。

山　岸　部下の気持ちを汲み取るうえでは理論理論でしょうね。そうじゃないとたくさんの兵の気持ちをつかむことは無理でしょう。

長谷川　たしかに情動的な共感だけではリーチできる範囲は狭い。目の前にいる人たちの気持ちは分かっても、何万人の兵士の気持ちは理解できない。

山　岸　だから冷酷というよりも慈愛あふれるボスとして見られているんじゃないでしょうか。

長谷川　でも、それは知性があればかならずできるとは限らない。

山　岸　情に流されずにストラテジックに物事を考えるには知性は必要ですが、知性があればかならずそうできるわけではない。

長谷川　それができる人とできない人の見分け方はあるんですかね。

山　岸　それはむずかしいと思います。そもそも私たちがそうした人々の存在に気がついたのは、ひじょうに複雑なテストをやって分析したからで、普通に暮らしていたらとても分からないはずです。

長谷川　人間の知性は本来、情動的な共感能力を基盤にしているとされるけれども、その人間社会を支えるためには情動だけではダメで、情動から来る共感能力をコントロールできる人たちがいるおかげで、社会を維持・発展できているということなんですね。

山　岸　でも、そういうストラテジックな人たちだけでは社会は作れないのも事実です。情に流されるタイプ、たとえば目の前で起きている暴力や悪行に対して心底怒ることができたり、困っている人がいたら火の中に飛び込んだりするような人もいなくてはいけない。そういうさまざまな人たちがいて、人間社会が続いてきたんだと思います。

長谷川　一方のタイプだけがヒトという種の中で優勢になっていないわけですから、そういうことなんでしょうね。

情けは人のためならず

山　岸　人間が社会を構築するうえで必要な要素として、心の理論、共感能力についてお話をしてきたわけですが、もう一つ忘れてはならないのは「利他行動」です。

「利他」とは「利己」の反対語ではあるのですが、ここで言う利他とはマザー・テレサのように、他人に対して無償の奉仕をするということではありません。

長谷川　道徳的教訓としての利他ではなくて、他人のメリットになるように行動することが自分自身のメリットになるという話ですね。

その典型的な例がハチやアリといった、いわゆる社会性動物です。彼らが自分の血縁に当たる個体に対して「奉仕」するのは、それによって自分自身の遺伝子も残すことができるからで、人間の考える「奉仕」とは根本的に違います。

山　岸　アリやハチの場合、女王アリや女王バチは繁殖できるけれども、働きアリや働きバチは繁殖能力がない。それでも働きアリや働きバチはコロニーのためにエサを運んだり、女王の産んだ幼虫を育てたりするわけですね。

長谷川　働きバチや働きアリのことをワーカーと言ったりしますが、女王とワーカーが姉妹の関係にあるとすれば（女王もワーカーも性別はメス）、女王の繁殖に貢献することによって間接的にワーカーは自分の遺伝子を後代に伝えることができると考えれば、彼らが利他行動を採るように進化したことは数学的に説明できるとしたのがイギリスのW・D・ハミルトンで、それが一九六四年のことでした。彼は血縁者間での利他行動が進化することを「血縁淘汰」と呼びました。

山　岸　ワーカーが女王に「奉仕」するように進化したことには合理的な説明が可能であるというわけですね。

長谷川　でも動物の利他行動はかならずしも血縁関係にある相手ばかりに行なわれるわけではありません。

山　岸　その利他行動はいったいどうして行なわれるのか、というところが問題ですね。

長谷川　「俗流進化論」では、それはお互いを助け合うことで種の存続につながるからだと言うわけですが、これは大間違い。そもそも生物進化とは、それぞれの個体の遺伝子が後代に伝わるかどうかであって、そこには「種のため」などという目的が入りこむ余地はありません。

山　岸　その点は本当に誤解が広まっていますよね。

長谷川　結果としては種のため、あるいはコロニーや社会のためにプラスになっていることはあっても、それはあくまでも結果であって、進化には「目的」はありません。進化とはそれぞれの個体が自己の遺伝子を後代に伝えていく過程で起きる現象です。

だから、動物が血縁関係にない相手に対して協力行動をするといっても、それは「献身」だとか「犠牲」だとかではない。あくまでもそれをすることによって、自分が遺伝子を残すうえで役に立つ。そういう基盤があるからこそ、そうした利他行動が進化した。

山　岸　利他行動ではあっても、その本質は利己である、というわけですね。

長谷川　だから、動物が血縁関係にない相手に協力行動をするのも、「お返し」はきちんとしてもらうという保障がないといけない。

山　岸　アリやハチの利他行動とはそこが違うわけですね。

長谷川　時間差をおいて「お返し」を行なう行動のことを「互恵的《ごけいてき》利他行動」と呼ぶのですが、そうした互恵的利他行動を行なう動物と思われているのがチスイコウモリです。

助け合うチスイコウモリ

長谷川　中南米に生息するチスイコウモリは体重が四〇〜五〇グラムしかない、その名のとおり、吸血性のコウモリで、洞窟の中に八〜一二頭程度の集団で暮らしています。彼らは夜になると洞窟から出て眠っている哺乳類に接近し、からだに傷を付けてそこから流れ出る血を舐《な》めて栄養を取っています。

山　岸　血を吸うといっても、映画のドラキュラのように直接かみつくわけではないんですね。

長谷川　それでも彼らの食欲は旺盛で、一晩に自分の体重の四〇％近くに匹敵する血を舐めるのだそうです。体重五〇キロの人間が二〇キロの血を吸うようなものです。

しかし、それだけ吸ったとしても小型動物の代謝のスピードは速いので、それだけの血を吸ってもあっという間に消費してしまいます。また、吸われる側の哺乳動物も黙ってはいませんから、追い払ったり、蹴飛ばしたりするから毎晩、かならず血にありつけるわけではない。ことに二歳以下の個体だと三頭に一頭は採食に失敗すると言います。

六〇時間、絶食状態が続くとチスイコウモリは餓死してしまうので、一晩でもエサを採り損なうというのは大変な危機を意味します。そこで朝になってみなが巣に戻ってくると、血を満足に吸えなかった飢えた個体が満腹の個体にエサをねだるのだそうです。すると満腹の個体は血を吐き戻して、飢えた個体に与えます。

このチスイコウモリの生態を調査したウィルキンソンという研究者は、このチスイコウモリたちはお互いに個体識別をしていて、いわば血の貸し借り関係を作っていることを発見しました。

山　岸　その場合、もらうだけもらってお返しをしないチスイコウモリはいないのでしょうか。

長谷川　それについては残念ながら確認されていません。しかし、彼らが個体識別をしていることとは、彼らの大脳新皮質が他のコウモリよりも発達していることから十分に推定できます。

山　岸　個体識別は互恵的利他行動を可能にするイロハのイですね。自分は誰に協力行動をしたか、誰から協力行動をされたかを記憶していないと「お返し」が成立しない。

長谷川　誰彼かまわず血を与えていたのでは、自分自身の命を縮めるだけになりかねません。

山　岸　もちろんこうした互恵的利他行動は霊長類も行なっているわけですね。

長谷川　チンパンジーの場合、さまざまな形での貸し借り関係が集団内で行なわれていることが報告されています。たとえば、集団の第一位オス（α《アルファ》オス）を支援している個体に対しては、αオスから優先的にエサの配分をもらえるといった見返りが与えられたという報告や、また、ある個体にたくさんのエサを与えた場合、単に過去にエサをもらった相手に多くのエサを分配するだけでなく、直前に毛づくろいをしてくれた個体にもエサを多く分け与えるなどの行動をしたといった報告もあります。

山　岸　エサをもらったのでエサをお返しするという、単なるギブ・アンド・テイクだけでなく、毛づくろいに対してエサで返すという関係もあるんですね。そういう非対称的なやりとりは類人猿や人間に特有なものなんですか？

長谷川　いや、そうとは限りません。他の動物でも「形を変えたお返し」が行なわれているとみられる例が報告されています。

人はなぜ献血をするのか

山　岸　だとすると、互恵的利他行動について、ヒトと他の動物、ことにヒトと類人猿との間での大きな違いはどこにあるとお考えですか？

長谷川　チンパンジーが毛づくろいをしてくれた個体に対して、お礼として多めのエサを分けるという話などは、形を変えてヒトの社会でもしょっちゅう行なわれているわけですが、ヒトの互恵的利他行動は類人猿や他の動物たちとは比べものにならないほど複雑で高度なレベルに達しています。

たとえば先ほどのチスイコウモリはお互いに血を融通し合っているわけですが、人間も他者に血を与えたり、もらったりします。

山　岸　輸血、献血ですね。

長谷川　健康な個体が弱っている個体に対して血を与える、という点ではヒトの輸血もチスイコウモリの血の貸し借りも同じです。しかし、ヒトは特定の見返りを期待して献血をするわけではありません。

山　岸　自分が献血した血液が誰のためになるのか、逆に自分が輸血された血は誰のものかは分からない。でも、献血という制度は——けっしてそれが万全とは言わないまでも——ちゃんと続いている。かつては売血といって、市場原理で調達するというやり方もありましたが、今の日本では行なわれていません。輸血用血液についていえば、国内での献血でまかなわれているそうですね。

長谷川　人間の社会で行なわれている助け合い活動の多くは、直接の人間関係によるやりとりで支えられているわけではありません。ヒトの場合、ルールや制度という形で互恵的な関係が造り出されている。

山　岸　互恵的利他行動というと「思いやり」や「同情心」といった言葉に結びつけたくなるんだけれども、そうじゃないんですよね。そのような一対一の関係だけでは、人間は社会を作ることはできない。

「協力する知性」の誕生

長谷川　進化の中でヒトは互恵的利他行動を他の霊長類とは比較にならないほど、複雑かつ高度なものにしたんです。言ってみれば「協力する知性」がそこで生まれた。そして、その協力する知性によって人間は複雑な社会を構築することができ、文明を維持することができたのです。

チンパンジーやゴリラといった類人猿も群れの中で暮らしていて、それなりに大脳新皮質は発達しています。しかし、彼らの知性のあり方はどうやって他者を出し抜き、利用するかという「競争的知性」の段階でとどまっている。一方、ヒトは「協力的知性」を発達させたと言えるでしょうね。競争的知性と協力的知性は天と地ほどに違います。

山　岸　先ほどの繰り返しになりますが、協力的知性というと、あたかも人間が自分の意志で主体的に互恵的利他行動を選択しているといった印象を持つ向きもあるかもしれませんが、そういう話ではないですね。

長谷川　こうしたら相手からお返しが期待できる、こういうことをしたら得をすると計算したうえで行動するのは打算であって、ここで言う利他行動とは違いますね。

山　岸　たとえば私が長谷川先生に親切にするのは単に長谷川先生から恩返しを期待していると は限らない。かといって私が長谷川先生に親切にするのを他人にアピールして、評判を得ようというのとも違う。他人に対して親切にするのは、そうした打算とは違いますね。

長谷川　「情けは人のためならず」という言葉はたしかにあります。もちろん普段から他人に対して親切にしていれば、困ったときに助けてくれる人が現われてくれるかもしれません。でも、そうした見返りを期待しての親切だけでは、とてもヒトの社会は維持できない。

山　岸　自分が他人のために何かをしても、それがかならず、期待どおりの形で、狙ったタイミングでお返しされるとは限らない。また、他人のためにいいことをしても、それで評判が上がるとは限らないし、上がったところで得をするとも限らない。打算的に考えるならば、むしろ「他人に奉仕するのは損だ」という結論になりますね。

ヒトはなぜ親切に振る舞うのか

長谷川　ヒトが助け合いをするようになったのはそれが善行であったり、相手からお返しを期待できるからであったりするためではありません。もっと別の理由があるからで、それはやはり自己の遺伝子を遺すうえで、他人に対して協力的に行動することにはメリットがあるからで、その点においては他の動物の利他行動といささかも変わるものではない。

前にもお話ししたとおり、ヒトは集団生活をすることによって生き延びることができた動物です。

つまり、ヒトの利他行動は知性や徳性から生まれたものではなく、それぞれのサバイバルのために発達した。つまり、利他行動をするように脳があらかじめプログラムされているのがヒトという動物の特徴であると考えるべきなんですね。

山　岸　それは先ほどの情動的共感能力ともつながることですね。他者の痛みや苦しみなどに共感するのも、そういう仕組みが私たちの心の中にビルトインされているからであって、心が優しいから共感する、賢いから共感できるということではない。

長谷川　でもそこで面白いのは、ヒトの場合、単に「ついつい他人に共感し、協力する」という脳の働きが生まれただけで終わっていないということです。

というのも、そうやって他人に協力する個体の集まりの中では、その利他行動に「タダ乗り」することができる個体が得をする。それを防ぐための脳の働きも進化の過程で生まれた。

山　岸　自分は協力しないけれども、他者の協力を受けることができれば、それが最も効率的なやり方ですものね。

長谷川　でも、そういう個体の存在を許してしまうと、あっという間に利他行動を採る個体は駆逐されていくことになります。

裏切り者を探知する知性

山　岸　たしかに現実社会にも善意にタダ乗りする人たちはいます。しかし、そういう人たちの天国にはなっていないわけですね。それはなぜかということですね。

長谷川　そこでは、善意にタダ乗りする人たちが得をしないようにする知性も発達させないといけない。と言っても、最初から「こいつはタダ乗りする悪い奴だ」とは分からないわけですが、実際にタダ乗りをしたり、抜け駆けをして、知らんぷりをしている連中を見つけだす知性を、人間は発達させました。

進化心理学の名付け親の一人でもあるレダ・コスミデスはその点にいちはやく気がついて、ヒトの知性はそうした裏切り者探知の側面で進化したのではないかと仮説を立てて、それを検証しました。いわゆる「四枚カード問題」ですね。

山　岸　代わりに私が説明しましょう。

表にアルファベットが、裏に数字が書いてあるカードが四枚あって、そのうちの二枚が表を向いていて、二枚が裏になっています。

一枚目　E
二枚目　K
三枚目　4
四枚目　7

このカードは「表側が母音であれば、裏側は偶数である」というルールで作られているのだけれども、そのルール通りになっているかどうかをチェックするにはこの四枚のカードのうちの何枚のカードをひっくり返さないといけないのか——これが四枚カード問題と呼ばれるものです。

長谷川　正解は一枚目と四枚目を見ればいい。

山　岸　「表が母音であれば、裏側は偶数」というルールが守られていることだけを確認すればいいので、二枚目のカード「K」の反対側が偶数だろうと奇数だろうと、また三枚目のカード「4」の反対側が母音だろうと子音だろうとそれは関係ない。

長谷川　論理学の表現で記すと「PであればQである」という命題が真であることを確かめる、

カードの表が母音ならば裏は偶数

アルコールを飲んでいいのは 20 歳以上

演繹的推論の課題というわけなのですが、この問題を解ける人はかなり少ない。母集団にもよりますが、一割から二割くらいの人しか正解が出せませんね。

山　岸　ところが同じ質問をカードではなくて人間に変えると、とたんに分かりやすくなるんですね。

つまり、

一人目　ビール

二人目　コーラ

三人目　二四歳

四人目　一六歳

さて、「アルコールを飲んでいいのは二〇歳以上」というルールがきちんと守られているのをチェックするには、このうちの何人を調べればいいでしょうか――。

長谷川　ビールを飲んでいる一人目が成人か、そして四番目の未成年者が何を飲んでいるかをチェックすれば、ルール破りがいないかを確かめるには十分です。

山　岸　二人目はコーラだから、いちいち年齢を調べる必要はないし、三番目の人は成人だからソフトドリンクでもアルコールでも飲んでいいので、これも調べる必要はない。

長谷川　後者の正答率は半数以上、場合によっては七割以上にもなります。

なぜ、後者の問題のほうが人は正解にたどり着きやすいのか。コスミデス以前は「前者は抽象的、後者は具体的だから」といった解説をされていたのですが、彼女は「人間の知性は社会契約を守らない人をいち早く発見するようにできているから、後者の問題は分かりやすいのだ」と指摘したんです。

山　岸　「PであればQである」という命題の真偽という話ではピンと来なくても、「決まりを守っていない人を探しなさい」という話になると人間は物わかりがよくなる。

長谷川　それは小さい子どもでも同じで、「クマのプーさんはイーヨーの家に行くとき帽子をかぶらないといけません」と教えて、

一枚目　イーヨーの家
二枚目　トラーちゃん（ティガー）の家
三枚目　プーさんが帽子をかぶっている
四枚目　プーさんが帽子をかぶっていない

のカードを見せると子どもでも正しく一枚目と四枚目を選びます。

ところがこの問題を「イーヨーのお友だちのプーさんは黄色い帽子をかぶっています」という内容に変えて、「プーさん」「イーヨー」「黄色い帽子」「青い帽子」の四枚のカードを並べると、正答率が下がってしまうんですね。

「○○は××をしなければいけない」とか「してはいけない」といった社会契約の構造があると、幼い子どもでも直感的に正しい判断が下せるのですから、「誰がルールを破っているのか」とい

う問題を処理する能力を進化の過程でヒトは獲得したのでしょう。

なぜルールは守らなくてはならないのか

山　岸　そこでもう一度強調したいのですが、社会のルールを破ってはいけないのは「ルールを守ることが正しい」からではない。そうではなくてルールを守らないと周囲も、破った本人も生存を脅かされる可能性があるからです。それについての面白い話をつい最近、読みました。クリストファー・ボームの書いた『モラルの起源』(白揚社)です。

長谷川　まあ！　その邦訳書は私が解説を書いているんですよ。

山　岸　だから、この話はもちろん長谷川先生もご存じでしょうが、それは人類学者のコリン・ターンブルが報告しているアフリカのムブーティ・ピグミーの話です。

彼らはアフリカの赤道付近の密林の中で暮らしている狩猟採集民で、彼らは獲物を狩るときに集団全体で協力して網で捕まえる。それぞれが網を持って、全体で半円形を作り、その中に獲物を追い立てるのだそうです。

そうするとどれかの網に獲物がかかるわけですが、その獲物は網の持ち主が確保していいという決まりになっているんですが、あるとき、ズルをしようとした男がいた。

長谷川　ああ、思い出した。たしかセフーという男の話ですね。

山　岸　そのセフーは自分の網に獲物がかかる確率を高めようとしてこっそり、自分の網だけを他の人の網よりも前に設置したんですね。その企みは成功して、他の人よりも多くの獲物を手にしたのですが、すぐにそれがバレちゃった。

長谷川　まあ、バレますよね。小さな集団なんだから。

山　岸　でも、セフーは自分のズルがばれていないと思って、意気揚々と戻ってくるわけですが、誰も彼と口を利いてはくれないし、また、集会所の椅子に座ろうとしても若者たちが自分に席を譲ってくれない。

長谷川　「ルールを守れないようなやつは獣と一緒だから、椅子になんか座る必要はない。地べたに寝てろ」と言われる。

山　岸　それでもセフーは自己弁護をして、自分は集団の中の重要人物なんだから特別扱いされても許されるはずだと強弁するのですが、今度は「そんなに偉いのだったら、こんな集団から独立して自分の集団を持てばいいじゃないか」と言われる。

長谷川　要するに「出て行け」という話ですよね。

山　岸　婉曲的な言い方だけれども、追放するぞと宣告されて、さすがにセフーもそこで態度を改めて、降参するんですが、この話は人間社会におけるルールというのが、本来、生存を守るためのものであって、そしてルールを破った人間は場合によっては集団から追放され、生存の危険にさらされるという形であったことを示唆していると思うんです。

長谷川　ヒトという動物にとっては集団から追放されるかどうかは死活問題です。

山　岸　ルールは単なる道徳律などではなくて、生存と直結している。だからこそ社会にとってルールは必要なものだし、またルールを守らなくてはいけないという心の働きも生まれたと、そういうふうに考えているんですよ。

第4章

「空気」と「いじめ」を研究する

なぜ歴史は繰り返すのか

山　岸　ここまで人間が知性を持つに至った原点は社会作りにあったということ、そして人間の脳は「心の理論」を持っていて、他者の心を読もうとしてしまうこと、さらには周囲の目線を気にしたり、裏切り者探しをしたりするモジュールを持っていることなどをお話ししました。
　こうした話から「人間の心ってすごい」という感想を持つのも、もちろん否定しませんが、しかし、その一方で人間の心の働きはサバンナの時代とさほど変わっていないというのも事実なんですね。

長谷川　そうですね。人類が農耕と牧畜を始めたのは、およそ一万年前だと考えられています。そこで初めて、ダンバー数を超える大集団が一緒に生活できるようになりました。人類がそういう大きな「社会」を持つようになってから、まだ一万年しか経っていない。
　一世代二五年として単純計算すると、一万年で四〇〇世代ですよね。つまり、親の世代と違う形質を持つ子が産まれて進化するチャンスが、まだ四〇〇回しかないわけです。よほど強力な遺伝子の変化がないかぎり、四〇〇世代ではそんなに大きく変わりません。ですから私たちは、一〇〇人～五〇〇人程度の小集団で何十万年も過ごしてきた時代の脳の仕組みを受け継いでいると考えたほうがいいでしょう。

山　岸　社会のサイズと脳の適応にギャップがあるということですね。

長谷川　この一万年のあいだに、ホモ・サピエンスを取り巻く環境は激変しましたからね。農耕と牧畜が始まり、都市文明が生まれ、産業革命のようなことも起きて、社会のサイズが一気に拡大しました。

しかし、こうした社会サイズの激変に、ヒトの脳がリアルタイムに対応して進化しているかといえばそうではありません。むしろ後手後手に回ったと言ってもいいでしょう。

山　岸　人間は有史以来、さまざまな政治形態を作り上げました。その中にはローマ帝国や中華帝国のような多言語国家もあったし、また絶対君主制も民主主義体制も社会主義体制も構築してきた。そうして今やグローバル化社会と言われる段階にまで達したわけですが、はたして私たちの知性も同様に発達したかというと……。

長谷川　私たちの脳の機能は、狩猟採集生活の中で獲得したものでしかないわけで、その限られた脳の機能を最大限に活用することで今のような社会を作ったにすぎない。言ってみれば相当な無理算段をして今日の社会は成り立っている。

山　岸　だからこそ私たちは有史以来、似たような愚行を繰り返している。戦争などはその好例ですね。「歴史は繰り返す」と言われるゆえんですが、しかし、やはりせっかく知性を持っているのですから経験から学ばないといけないと思います。少なくとも社会科学はそのためにこそあると思うんです。

チンパンジーは絶望しない

長谷川　でも、ヒトが獲得した知性も、しょせんはサバンナでの生き残りのためのツールとして生まれたものでしかないのですから、そこには構造的な問題が最初からあったとも言えます。

ヒトの大脳新皮質が大きくなって因果関係の推論ができたり、他者の心が読めるようになったりすることには、進化的な適応意義があったと思いますが、その後、狩猟採集生活から農耕生活へシフトし、より大きな社会を作るようになる。でも、社会のサイズの変化にともなって、脳の機能が進化したかというと、そういうことは起きなかった。同じ脳のままであるわけですね。

山　岸　そのとき、たとえば共感能力や因果関係の推論能力がかえって社会に害悪をなすことも起きるようになった。人間の心の働きにつけこんで、宗教で洗脳したり、戦争を起こしたりするような人間も現われるようになった。

長谷川　前にも話が出ましたが、ヒトはつい神様のような超自然的な存在を「感じ」、信じてしまう。それ自体は否定しないけれども、その信仰心を悪用する連中がいて、そういう人たちが今の地球でもたくさんの人々を殺したり、あるいは戦争を起こしたりしている。

そこまで大きな話でなくても、ヒトの知性は往々にして誤作動をする。たとえば失恋とか、失職とか、客観的に見れば死ぬほどでもないことであっても、それが取り返しのつかないことのように思えて、絶望したり、あげくのはてに自殺する。これは他の動物にはありえない行動で、いわば進化のランナウェイ（暴走、詳しくは後述）とも言えます。

比較認知科学者の松沢哲郎《てつろう》さんが著書『想像するちから』（岩波書店）の中で「チンパンジーは絶望しない」という話を書いておられます。

京大霊長類研究所にいた二四歳のチンパンジー・レオが急性脊髄炎になったために首から下が痲痺《まひ》してしまった。いろいろと手を尽《つ》くして看病したのだけれども、ぜんぜん動けないものだから骨が見えるほどのひどい床ずれになって、やせ細ってしまった。これを見て松沢さんは「もし、これが自分だったら」と考えたそうです。痛みもひどいだろうが、それ以上に絶望感にさいなまれてしまうのではないかとつくづく思ったら、レオは少しもめげた様子もない。それどころか、人が来ると口にふくんだ水をピュッと吹きかけるといういたずらをしては喜んでいたそうです。

山　岸　人間だと「どうして自分だけがこんな目に遭わなければいけないのか」と理由を求めて苦しんだり、「将来はいったいどうなるのか」と先のことまで考えてしまう。また、他者から見た自分はどんなに哀れに見えるだろうかと考えてしまう。だから絶望してしまうんですね。

長谷川　もちろん、ヒトの大きな脳は基本的には生きるうえで有用です。他者の考えや感情を推論し、それを共有することができるから、共同作業ができるようになりました。ただ、言語を駆使するようになると、現実世界とは別の世界が生まれるんです。

言語の作り出した世界では何を考えてもいい。木が話したり、魚が歌ってもいいし、太陽が西から昇ってもいい。そこから芸術や思想も始まったのでしょうが、非現実的なことも考えられるので、根拠のない思い込みで他人を疑ったり、「もう自分は生きる価値のないどうしようもない人間だ」と思い込んだりもできるようになる。それは、人間が獲得した高度な推論能力がもたらす落とし穴だと思います。

社会の暴走を招くものとは

山　岸　「心の理論」によって人間は社会を構築することができたわけですが、「他人が自分をどう思っているか」と考えてしまうことは社会の暴走ももたらしてしまいます。

たとえば、どんな時代でも心の底から戦争をしたいと思っている人は少数でしょう。ほとんどの人は戦争で自分が死ぬのを望んでいませんからね。

でも、そう思っているのとそのことを口に出すことは別の話で、「もし、ここで自分が『戦争反対』と言ったら、周囲の人は私のことを批判するんじゃないか」という恐れが生まれたとしたらどうなるでしょう。

長谷川　実は自分以外の人たちも大多数は同じように「戦争反対と言ったら批判されるかも」と内心では思っているのかもしれないんですが、そうした内面は外からは見えません。そうなると、誰もが「本当は自分は戦争反対なんだけれども、他の人たちの意見に合わせて戦争賛成と言ったほうがいいだろう」と行動するようになりますね。

山　岸　日米開戦のときの記録には二つの矛盾する話があるんですね。そのときに生きていた人の証言を聞くと「アメリカと戦争を始めたときには『日本は負ける』と思った」とたいていの人が言うんですね。負けるまでは想像しなくても、これは大変なことになったと不安を感じたそうです。でも、その当時の新聞なんかを見るとみんなが興奮して「真珠湾攻撃に成功してひじょうに痛快である」とか口々に叫んでいる。

この二つの話を表面的に受け止めると、後年になって「日米開戦を知って暗澹《あんたん》たる気持ちになった」と記している人たちの感想はみんな嘘っぱちじゃないかと思えるわけです。日米開戦や南京陥落のときには提灯行列なんかをしてみんなで大喜びをしているのは動かしがたい事実ですから。

長谷川　でも、実はどっちもウソではない。

山　岸　そういうことなんですね。つまり、あの当時は軍人ですら、いや、専門的な知識を持っているから軍人はなおさら日米戦争に勝ち目はないと思っていた。

長谷川　本気で勝てると思っていた人がいたら、それはクレイジーですよ。

山　岸　でも、その専門家ですら「日米戦争は止めよう」とは言えなかった。というのも、周りの人はみんな「勝てる、勝てる」と言っている。それを見ると「負けるのでは」と思っている自分の判断のほうが間違っているんじゃないかと思うし、そこまで思わなくても開戦に消極的な発言をしたら自分が批判されることは目に見えている。

長谷川　人間には裏切り者探知のモジュールがありますからね。

山　岸　だから、そのレーダーに引っかからないようにするには、むしろ強気なふりをしないといけない。

長谷川　そうしてみんなが強気な態度に出ていると、それを見てますますみんなが強気になって……。

山　岸　だから誰もがゲームから降りられなくなってしまうんですね。

「グループシンク」はどこでも起きる

山　岸　戦前の日本を誤らせたのは「空気」なのだと指摘したのは評論家の山本七平氏（『「空気」の研究』文春文庫）です。ヒトラーのような独裁者はいなかったのになぜ日本は無謀な戦争に突き進んでしまったのかという設問に対して、山本氏は「それは『空気』に支配されていたからだ」と言ったわけです。

長谷川　今の日本の組織でも「空気」に支配されているところは多いですね。駄目になる組織はみんな「空気」で動いている。リーダー支配がない。

山　岸　ただ、これは日本に限った話ではなくて、どこでも起きることなんだという指摘が山本氏の著作には抜けている。これは残念なことですね。

心理学者のアービング・ジャニスはこうした現象のことを「グループシンク groupthink」、つまり集団思考と呼びました。

長谷川　個々人が思考し、決断しているのではなく、集団が決断するということですね。

山　岸　でもそれは本当のところ、本当の意味での決断ではなくて、メンバーたちが内部での摩擦を回避することを優先した結果にすぎないわけですね。

アービング・ジャニスは政府や軍隊、あるいは企業における意思決定プロセスの過ちについてずっと研究してきた人なんですが、その典型的な例はケネディ政権によるピッグス湾侵攻だと言っています。

長谷川　キューバ革命で生まれたカストロ政権を打倒するためにアメリカが仕組んだ、例の事件ですね。

山　岸　一九五九年にキューバ革命が起きたときにアメリカが最も恐れたのは、自分たちの裏庭と言ってもいい場所にあるキューバにソ連の軍事拠点が作られるんじゃないかということでした。

「グループシンク」がピッグス湾侵攻の失敗を招いた

長谷川　実際、その後の一九六二年にソ連がキューバにミサイル基地を作ろうとしてキューバ危機が起きた。

山　岸　キューバ革命は本来、社会主義革命ではなく、単なる民族独立運動だったわけですが、アメリカ政府はキューバがソ連の友好国になるんじゃないかという恐怖を感じていた。そこでケネディ政権はアメリカ国内にいたキューバからの亡命者たちに軍事訓練を施して、ピッグス湾から上陸させて、革命政権を打倒させようとした。それが一九六一年の四月のことでした。

長谷川　その後もＣＩＡがよくやる手ですね。

山　岸　ところがこの作戦は大失敗に終わります。上陸部隊の多くは戦死し、残りはみんな捕虜になったばかりか、この軍事侵攻を演出したのがアメリカだと分かったので、キューバはソ連に急接近することになった。

長谷川　まさに逆効果になってしまった。

山　岸　ジャニスらの研究によれば、このピッグス湾侵攻作戦の意思決定はまさにグループシンクなんだというわけなんですね。というのも、この一九六一年はケネディが大統領になったばかりの年で、軍や情報機関の首脳たちに対して就任間もないケネディには遠慮があった。自分の意見を押し通しにくい状況だったんですね。

長谷川　なるほど、そうなると強気の意見のほうが会議の空気を支配するようになる。

山　岸　本当はみんな内心では「うまく行かないだろう」と思っているのだけれど、でも慎重論を唱えると「お前は弱気だ」と批判されるので、強硬論のほうが力を持って、ついに無謀な軍事侵攻が行なわれた。

長谷川　その翌年に起きたのがキューバ危機ですよね。このときには本当に米ソの間で核戦争が勃発する直前まで行きました。これもまたグループシンクだったんでしょうか。

山　岸　その側面はあったでしょうが、でも、最終的にはアメリカもソ連も指導者が決断して、核戦争が回避されました。ケネディについて言えば、彼はピッグス湾で学んだのでしょうね。

なぜ「空気を読めない」ことが批判されるのか

長谷川　何年も前から、若い人たちが「ＫＹ」と言い始めましたよね。

私、最初はあの意味が分からなかったんですよ。もちろん「空気を読めない人」の略だというのは教えられて知っていました。でも、なぜ空気が読めないことが問題になるのかがまったく理解できなかった。

山　岸　私も長谷川先生も世間から見たら「空気の読めない人」でしょう。

長谷川　きっとそうですね。だから、空気が読めないことがいけないなんて、最初から思っていないし、世の中の大多数の人たちは空気を読んで行動しているのも理解できます。でも、それって昔からある話なのに、なぜ今になって「ＫＹ」なんて流行語になるのかがピンと来なかった。

でも最近、ようやく意味が分かってきたんですよ。

それはどういうことかというと、空気を読まなくてはいけないというプレッシャーではなくて、他人が空気を読んでいない発言をしたり、行動をしたりしたときに、そこで「あなたは空気が読めてない」と指摘できないことがイヤなんですね。「どうしてこの人は空気が読めていないことに自覚がないんだろう」という、もどかしさやイライラを感じているんですね。

山　岸　なるほど、「空気が読めない他人」に対していらだちを感じる状況をＫＹと呼ぶ。でも、それをいちいち指摘すると、それで空気が悪くなるかもしれないから、それもできない。いわゆるダブル・バインド状態ですね。

長谷川　空気が読めない人は昔からいます。私たちの若いころにもそういう友人や同僚がいっぱいいて、しばしば会話や討論の流れをぶちこわしていたわけです。

山　岸　あはは。

長谷川　でも、そのときに私たちははっきりと「そういうことを今、言っちゃいけないよ」と指摘していたわけですね。もちろん、そう指摘しても、なぜ自分が怒られているのかすら分からない人もいる。

山　岸　それが分かったら、そもそも空気が読めないなんてこともない。

長谷川　でも、言われたことで学習する人もいるわけですね。「こういうときには、『そもそも論』を持ち出してはいけない」とか、「議論の場では、自分の感想を垂れ流すだけではいけない」

とか……。おたがい、そうやって指摘し合いながら関係性を作っていった。

ところが今はそういう行動は好ましくない。そういうことをやると空気が悪くなるから黙っている。つまり、空気を読めない他人は許せないけれども、自分が空気が読めない人間であるとも思われたくないから何もしない。空気を悪くするのは避けたい。

山　岸　でも、そうすることでかえって空気が悪くなって、ますます息苦しい関係になっているというわけですね。

長谷川　実はおたがいに「あいつは空気が読めない」と内心では思っているのかもしれないけれども、それを指摘しないのですから、これでは何の解決にもならないどころか、ストレスが溜まる一方でしょう。でも、みんな衝突を避けているので、表面的には実に仲良く、和気藹々《あいあい》に見えるというわけです。

山　岸　そういう状態を変えるのは実は簡単で、空気を読まない人が何人かいればいい。

長谷川　「裸の王様」と同じことですね。最初はごく少数でいい。

山　岸　多数派を占める必要もないんですね。コアになる集団がその中にできれば、あとはドッと変わります。グループシンクも同じですね。「そんな強気一本槍では失敗するんじゃないか」と心の中で思っているだけではダメなので、「あなたの考えはおかしくないですか」と言わないといけない。最初は多勢に無勢であっても、誰かが言い出すことで「私もそう思っていた」と言う人が何人か現われるかもしれない。そうなると、わずか数人であっても、グループシンクの呪縛から抜け出せるわけです。

でも、往々にして人間集団ではそうした方向転換が行なわれなくて組織が暴走し、最後には自滅してしまうことになるんですね。

クジャクの羽根はなぜ派手になったか

長谷川 ただ、そこで補足しておけば、こうした暴走は生物の進化でも時として起きるんですね。その典型的な例はクジャクの雄の羽根です。クジャクの雄は派手で大きな羽根を持っているわけですが、単純に環境適応ということで考えれば、あんなに大きな羽根を発達させることはかえって敵に狙われやすくなるわけで、意味がない。

山　岸 かりに大きな羽根を持っている個体のほうが肉体的に優れていて、生存能力が高いとしても、あそこまで羽根を大きくする必要はないわけですよね。明らかに「やり過ぎ」です。

長谷川 クジャクの羽根は毎年生えかわるので、エネルギー的に考えても大きな羽根を持つことは損失が大きいわけですから、いいことはあまりありません。

では、いったいなぜ雄クジャクの羽根はあんなに大きくなったのか。それに対する仮説が集団遺伝学の祖であるロナルド・フィッシャーの提出した「ランナウェイ仮説」です。

山　岸 ランナウェイとは「暴走」という意味です。

長谷川　進化とはそれぞれの個体が自己の遺伝子を遺そうとする中で起きる現象であるわけですが、そこでは自分の暮らしている環境に適応することが重要になってきます。
山　岸　環境に適応できていなければ繁殖できませんからね。
長谷川　ところが時として生物の進化は、適応から逸脱した方向に暴走してしまう。その典型例が「クジャクの羽はなぜ派手になったか」なのです。
雄クジャクの羽のランナウェイはなぜ起きたか、ということについてフィッシャーは次のような仮説を提出しています。

1　元々、雄クジャクは他のトリと同様に、モデレートな、言ってみれば常識的な長さの羽根を持っていて、個体同士でも羽根の長さはわずかな差しかなかったであろう。
2　とはいえ、多少でも長い羽根を持っている個体のほうが短い個体よりは肉体的にも優れていて、より環境に適応していた。
3　このようなばらつきのある雄クジャクの中で、どれを配偶者に選ぶかという雌クジャクの好み（専門用語で言うと選好）にもばらつきがあっ

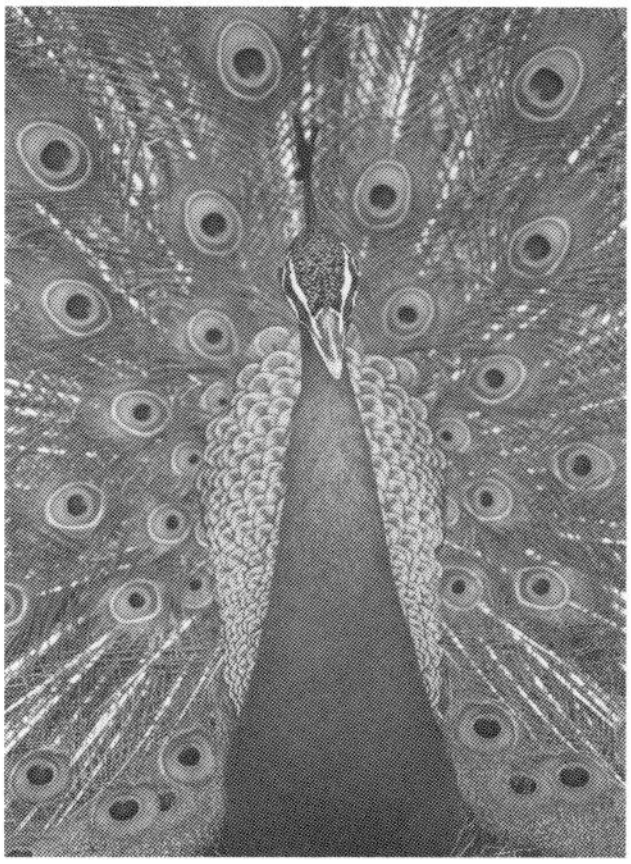
雄クジャクの羽は「進化の暴走」が産み出したものだった

て、一部の雌クジャクは羽根の長さによって相手を選ぶ。適応能力の高い雄を選ぶという意味で、これらの雌クジャクも適応力の高い個体であると言える。

4　これら適応力の高いカップルから生まれる子どもたちは親の形質を受け継ぐので、他の子どもたちよりも適応力が高くなり、それだけ集団の中で数を増やしていくであろう。

5　こうした適応力の高い個体同士の掛け合わせが続くことで、雄クジャクはより羽根が長くなっていくわけだが、やがてその羽根の長さはかえって生存率を低くするほどになるだろう。

6　本来ならば、長すぎる羽根を持つ雄クジャクは環境に不適合なので淘汰されるはずなのだが、集団内にいる雌のほとんどは「羽根の長い雄」を好むので、本来ならば選ばれるべき短い羽根を持った雄は配偶者を獲得できないので、子孫を残せない。よって雄の羽根は配偶者獲得において有利であるかぎり、長くなっていく。この傾向は生存率の犠牲があまりにも高くなるまで続くであろう。

7　一方、雌クジャクの側から見れば、限度を超えない程度に長い羽根を持つほうが、限度を超えた雄を選ぶ雌よりも本来は生存上、有利なはずである。しかし、その雌から生まれる息子は他の雄よりも羽根が短いので配偶者に恵まれないので、母親の形質は後代に伝わらないだろう。

8　以上の結果、多少、生存率を犠牲にしてでも、長い羽根を持ったほうが配偶に有利なので、雄クジャクの長い羽根は維持されていく。また雌についても、羽根の長さで配偶者を選ぶ個体が集団内に増えていくと、羽根の長さよりも本来の生存率を重視する雌が集団内で増えていく可能性はかなり低くなり、このランナウェイを止められる可能性はかなり低い。

長谷川　話が長くなってしまいましたが、このようなプロセスで「進化の暴走」が起きたのではないかというのがフィッシャーの仮説なのです。

山　岸　当初は「趣味の違い」程度だったものが集団の中で一定の数を占めるようになると、そこからはどんどんそれが増幅、拡大していくわけですね。

空気を読む、読まないということも、空気を読みすぎないほうがおそらく適応的ではあるんです。でも、それが時として空気を重視する人たちが集団の中で多数派を占めて、空気を無視した行動をする人は駆逐されてしまう。これはまさにランナウェイ、暴走ですね。

長谷川　ただ、生物進化のランナウェイの場合、そこではかならず一定の歯止めがかかる。たとえば羽根を伸ばしすぎてしまえば、それによる負担のためにその個体は生き延びることがむずかしくなってしまい、子孫も作れなくなる。雄クジャクの羽もあれ以上大きく、長くなると、やはり環境に不適応で子孫を残せないんだと思います。あの長さが限度なんですね。

山　岸　議論の場合だと、どんなに極端で非現実的な意見を言ったところで、それを実行するのは現場の人間だったりするので、いくらでも極端に走ることができます。

長谷川　それともう一つ違うのは、進化のランナウェイは世代交代をしていく中で起きていくのでゆっくりとしたプロセスですが、組織の場合は、ある考え、意見がどれだけの人に採用されるか、つまり意見がどれほど複製されるかということなので、短い時間で起こります。だからあっという間に組織の暴走が起きるわけですね。

山　岸　でも、その分、途中で暴走を止めようと思えば不可能ではない。ごく少数の人たちが暴走のきっかけになったのと同じように、最初は少数であっても暴走に反対する人がいたらそこを起点にして「空気」は変えられます。

ヒトは文化的ニッチェの中で生きている

山　岸　ただ、そこで大事なのは、なぜ人間は空気を読みたくなるのか、ということですね。

長谷川　それはやはりヒトの進化環境においては、空気を読むことが重要だったからでしょうね。つまり、仲間の気持ちを忖度し、集団の調和を乱さないで行動することはたしかに初期のホモ属にとっては生存と直結していた。

山　岸　狩猟採集民でも農村でも小集団の中で生きていくには、リーダーであっても空気が読めないといけないし、独断専行をしてはいけないわけです。

長谷川　さっきのセフーの例はまさにそれですね（128ページ）。本当はみんなが平等に獲物を狩れるようなルールだったのを彼だけズルをした。抜け駆けは厳しく罰せられなければいけない。

山　岸　でも社会が発展していくと、そうしたルールはかならずしも有効ではなくなる。自分が暮らしているコミュニティに居づらくなっても、他のコミュニティに引っ越すことが可能な社会であれば、抜け駆けをして追放されても困らない。そうなると、セフーが受けたような仲間はずれの仕打ちも怖くなくなるわけですね。

長谷川　もちろん、だからといってルールを守らなくてもいいということにはならないけれども、ルールを有効にするために別の仕組み、つまり法律や裁判といった社会制度が用意されるわけで、「空気を読む」といった心の働きはそんなに必要じゃなくなるんですね。

山　岸　でも、人間の脳はついつい他人の気持ちを想像したり、あるいは集団内の雰囲気を悪くしたくないとついつい考えてしまう。

長谷川　かつてのように会社や学校が共同体そのものであった時代ならばともかく、今のような時代においては空気を読む必要もない。むしろ空気を読まないで、ずばずば自分の考えを言えるような人のほうが適応的であるはずなのに、そうならない。

山　岸　それが「ニッチェ」に入りこんでしまうということですね。つまり、本当ならば他にもたくさんの付き合い方のバリエーションがあって、「これはダメだから、別のやり方で行こう」

となるべきところが、ある一つのやり方で平衡状態が生まれてしまって、そこから他にシフトできなくなる。

長谷川　ニッチ（ニッチェ niche）とは元々、壁龕《へきがん》と言って、花瓶や彫刻を置くために壁に作られた凹みの部分のことを指しますが、そこから転じて生態的地位という意味で使われるようになりました。

生物はそれぞれの種ごとに自分たちのニッチェを持っています。たとえばニホンザルは日本中の落葉広葉樹林に暮らし、昼行性で、果実や葉っぱを主体とする植物食で、ときどき昆虫も食べる。また彼らはあまり高い山には住めず、およそ一〇〇頭以内の群れを作って、一年中、縄張りの内側を移動しながら暮らしています。これらを総称してニホンザルのニッチェと呼ぶのです。

さて、同じ日本の広葉樹林にはニホンジカも暮らしていますが、子細に観察するとニホンザルとニホンジカとではそのニッチェは微妙にずれています。というのも、まったく同じニッチェであったら、ニホンザルとニホンジカとの間で競争が激化していきますからニッチェをずらしているのです。

山　岸　人間の場合は生態的なニッチェとは別に、文化的なニッチェの中で暮らしています。そのニッチェとは具体的にはしきたりとか、あるいはライフスタイルといった言葉で表わされるものですが、一つの社会が安定して存続しているときには、そこには文化的ニッチェがあるという表現をすることができます。

長谷川　もちろん文化的なニッチェは無数にあって、極端な話、人間一人一人が自分のニッチェの中で暮らしている。朝型の人、夜型の人、お金はできるだけ倹約したい人、そうでない人、さらにギャンブルが好きな人、嫌いな人……数え上げていったらキリがありませんね。もちろん職業もまたニッチェの大きな要素です。

山　岸　さっきのニホンザルとニホンジカの話ではないですが、同じ屋根の下で暮らしている夫婦でも文化的なニッチェは微妙に違うでしょうね。

長谷川　まあ、まったく違っていたら同居はむずかしいでしょうから、ある程度、ニッチェが似ていないと結婚生活を継続するのはむずかしいかもしれません。配偶者を選ぶというのは、似たようなニッチェを持っている人を探すということでもあるのかもしれません。

「日本の伝統」は本当にあるのか

山　岸　夫婦だけでなく、それぞれに違う人間が集まって一つの社会を作っているということは、そこに共通のニッチェがあると言えるわけですが、ニッチェがあるからこそ、その関係は長続きし、安定したものになる。でも、それは言い換えれば関係性が固定化するということでもある。

長谷川　一種の平衡状態が生まれることで安定はしているんだけれども、それは別の見方をすれば単に蛸壺《たこつぼ》に入ってしまって抜け出せなくなっているとも言えますよね。

山　岸　そこで強調したいのは、みんなが「日本文化だ」とか言っているものは、実はそうしたニッチェにすぎないということなんです。

長谷川「おもてなし」とか「気遣い」は日本人独特の心がもたらした、古来からの文化伝統なんだと言う人たちがいますが、そもそもそんな「伝統」が本当に「伝統」であったかは怪しいものですよ。

山　岸　幕末や維新のように社会的な流動性が高まった時代では「空気を読む」なんて通用しませんでした。今だって、本当は空気を読まない人のほうが適応的であるはずです。

長谷川　そもそも倒幕運動や新政府なんていうのは寄り合い所帯で、価値観も文化的なバックラウンドも違う人たちが集まってやっていたんですから、空気を読まず、はっきりと物言いをしていかないといけなかった。それがその時代のニッチェであったわけですね。

山　岸　なのに、日本人の「心」の中には独自の価値観や欲求があって、それによって日本の伝統文化や日本的な社会が作られていると思い込んでいる人が多い。

要するに、ある価値観や習慣が社会の中で定着するというのは、単にそうやって行動したほうがその社会ではうまく生きられるという現実があるからですね。また、いったんそれらが確立すると、みんながそれに合わせて行動するようになるから、ますますそれが強化され、固定化していく。

長谷川　でも、それも環境が変わればドラスチックに変化します。

ニッチェとは

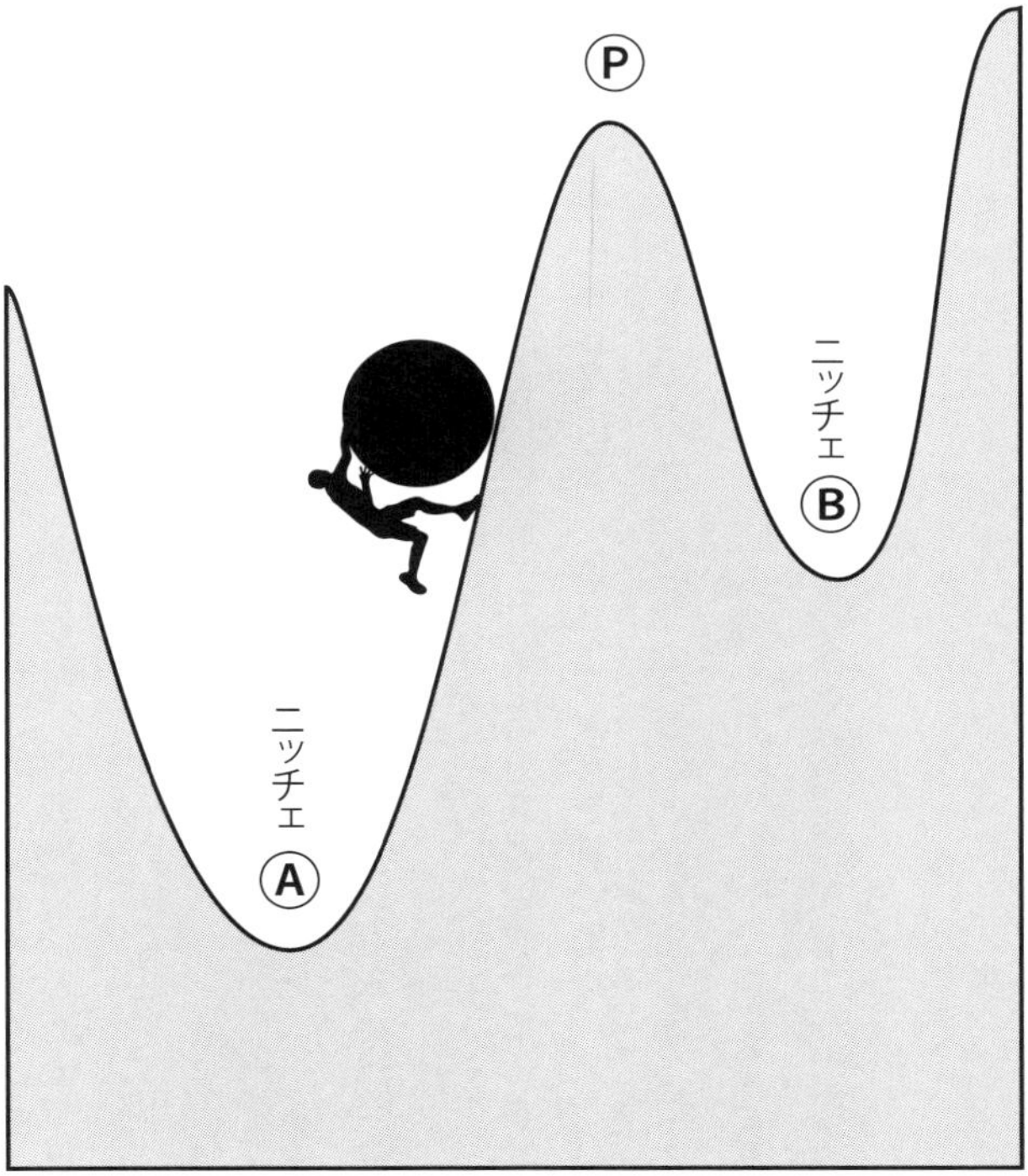

Ⓐのニッチェから Ⓑのニッチェに移動するにはかなりのエネルギーが必要。だが、いったんピーク Ⓟ（臨界質量）を乗り越えてしまえば、Ⓑのニッチェに収まって安定する。

山　岸　たとえば一九四五年八月一五日以前と以後では日本人の行動や価値観がガラッと変わりました。それまでは国家主義的であったのが、戦後は個人主義的で民主主義的な価値観になった。もし、文化が「心」のもたらすものであったとしたら、終戦の詔勅の前後で日本人の「心」の働き方が一八〇度違うものになったと解釈しないといけません。しかし、人間の心の働きが急に変わるはずはない。

長谷川　日本列島に生きている日本人は終戦の前も後も同じですからね。変わったのは日本人が生きている環境です。環境が変わったから、それにともなって文化的ニッチェもシフトしたにすぎません。

山　岸　ところが今の日本の若者たちはまた昔と同じようなニッチェにはまりこんでいて、そこから抜け出せていない。いや、若者だけでなくて、大人もそうですね。

長谷川　気配りとか気遣いとかが日本の文化伝統、美質だとか本気で信じている人たちもいるわけですからね。

悪い心が「いじめ」をもたらすのか？

長谷川　そこで山岸先生に質問なんですが、先生は「いじめ」問題をどのように捉えておられますか。

山　岸　ここまでの話の文脈からすると「いじめは閉鎖的、固定的な社会がもたらす問題だ」と思われるかもしれませんが、実は私はそれについてはちょっと異論があるんですよ。

長谷川　というと？

山　岸　一言に「いじめ」と言っても、小学校や中学校、あるいは高校で行なわれるいじめ、また会社で行なわれるいじめ、さらには地域社会で行なわれるいじめとさまざまなものがありますが、私がここで言いたいのは、学校におけるいじめ問題です。

長谷川　このごろは「ハラスメント」という言葉が日本でも定着して、セクハラ、モラハラ、パワハラなどという略語も生まれているくらいですが、とりあえずそっちのハラスメントは含まないというわけですね。

山　岸　そうしたハラスメントももちろん重要な問題であることは事実ですが、学校教育の場におけるいじめは、それらのハラスメントとはちょっと様相が異なる。というのも、教室でのいじめは、まだ成長過程の子どもたちが当事者になっているわけですよね。それはどういう意味かというと、まだ、彼らは社会の作り方、社会の中での生き方を知らない存在であり、それを学んでいる過程にあるということなんです。

長谷川　ヒトの場合、他人との関係は学習で身につけていく部分のほうがずっと大きいのは事実ですね。そもそもヒトが成体になるのには一〇年以上もかかる。それだけ多くのことを学ばないと社会の構成員としては認められない。

山　岸　そう、日本での「いじめ」論議を見ていると、その視点が欠けていると思うんです。たとえば、いじめ問題について語る場合でも、いじめをする子どもたちは「悪い心」があって、それを矯正しないといけないという話がとても多いですよね。

長谷川　たしかに、いじめは「心の荒廃」などという文脈で語られがちです。

山　岸　そこで子どもたちに適切な教育をして、いじめをしない心を養わないといけないとか、あるいは、いじめには厳罰を処すことにして、子どもが悪い心を起こすのを抑制しないといけないという「いじめ対策」が出てくる。

でも、私から言わせてもらえば、いじめとは本質的には、子どもたちが自主的に秩序を作ろうとするプロセスの中で不可避的に起きる現象で、そのいじめを根絶しようというのは、子どもから自主性を奪おうとするにも等《ひと》しい暴論だと思うんですよ。

長谷川　それは興味深い指摘ですね。

いじめをなくす最も確実な方法

山　岸　私はよく言うんですが、いじめを根絶するのは簡単なんですよ。

社会があれば——それは大人でも子どもでも——そこではかならず、いじめ的な現象が起きてしまう。いじめは社会の中で起きる。だから社会を作らなければ、いじめも起きない。実に簡単

いじめを防ぐ最高の方法？

集団(学校)あるところ、かならず「いじめ」あり。だから…

1人1人を家庭で教育すればいい？

な話です。
つまり、学校で集団教育をするのを止めて、子どもたちはみんな家庭で学習させる。他の子どもとは一緒に遊ばせない。そうすれば、子どもはいじめを経験せずに大きくなることでしょう。でも、そうやって大人になったときに、はたして社会を作ることができるのかどうか。

長谷川　それは大いにあやしいですね。類人猿でも集団から孤立して育った個体は、のちに群れに戻しても適応できません。群れで暮らすのは彼らにとってもストレスがある。それを子どものうちから体験して、いわば耐性を作っていないとダメなんですね。
それでは孤立して教育するのは止めるとして、現在の学校教育のままで、いじめを撲滅するとしたらどういう方法があるかというと、この答えは明確です。要は大人が子どもたちの生活を隅から隅まで監視すればいい。

山　岸　学校の教室だけではなく、トイレや校舎の裏まで、さらに通学路にも監視カメラを置けば、いじめの抑止力にもなるでしょう。でも、そうして監視された中で生きるというのは、家庭に閉じ込められて教育を受けるのとどこが違うのか、とも言えます。
いじめはいつの時代、どこの社会にでも起こりうることで、子どもたちの心が荒廃したからいじめ問題が起きたと捉えるのは間違いなんです。

長谷川　いじめを根絶しようという問題設定そのものが間違っているんです。それよりは、なぜいじめが暴走してしまうのかということを考えるべきなんですよね。

傍観者がいじめを助長する

山　岸　京大霊長類研究所の正高信男《まさたかのぶお》氏の研究によれば、日本各地の中学校を調べてみたところ、いじめが問題化している教室とそうでない教室とでは「傍観者」の比率がまったく違うという事実が明らかになっています（『いじめを許す心理』岩波書店）。

つまり、いじめ問題が深刻になっているクラスでは、多くの生徒たちが傍観者的態度に終始していて、目の前で行なわれているいじめを止めたりする子どもがいない。これに対して、いじめ問題が起きていないクラスの子どもたちには、そうした傍観者的態度を採る子どもが少ないというわけなのです。

長谷川　いじめ行動を制止したら自分もまたいじめられるのではないかという恐れがあるから、傍観者になってしまうんですね。

山　岸　だいたい、いじめというのは教師の目に届かないところで起きているわけですから、教師の監視には限界があります。だから、子ども自身がそこでコミットしないとダメなのですが、いじめを咎めたら自分もいじめられるという恐れがあると、それを傍観するどころか、いじめに積極的に参加する子どもすら現われてきます。

長谷川　ＫＹやグループシンクの話と同じ構造ですね。みんな、心の中では「いじめはよくない」と思っているのだけれども、それを行動に移す契機がないと、結果的にいじめを助長していることになる。

山　岸　そこで大事になってくるのは、いじめに対してアクションを起こせるコア集団を作ることなんです。

ほとんどの子どもはいじめはよくないと思っているわけですから、改めて「いじめはよくありません」と教育してもほとんど効果はない。それよりもいじめを見たら、その場で止めることができる子を一人でも増やすようにする。そっちのほうが大切なんです。

教師は「後ろ盾」であれ

長谷川　そこで山岸先生はどういう対策をすればいいと思いますか。

山　岸　そこがなかなかむずかしいところですが、現行の学校教育のシステムで考えるならば、教師がその後ろ盾になることだと思います。

つまり、理不尽ないじめが起きたときに子どもたちだけで解決しようとするのではなく、それを教師に相談できる、助けを求められるような環境を作る。それには何が大事かというと、教師にいじめを報告したときに仲間から「あいつは裏切り者だ」と見なされないようにすることです。

長谷川　「誰々くんが言っていたけれども、このクラスではいじめがあるそうだな」なんて教師が学級会で言ったりするのは最低の対応だということですね。

山　岸　子どもたちが教師や親にいじめの事実を伝えないのは「チクったら、今度は自分がいじめの標的になるかもしれない」と思うからです。

長谷川　その恐怖があるから、いじめを止めたり、教師に報告するよりも、いじめをする側に回ってしまうわけですものね。

山　岸　だから生徒から信頼される教師にならないといけない。いじめが起きたら無条件で介入する。子ども同士の話し合いで解決しようなどというのではなく、教師がそれに対して断固たる処分を下すことですね。その保証があってこそ、子どもは安心して教師にいじめを報告できる。

長谷川　今は悪しき相対主義が浸透しているせいで、問題が発覚しても「いじめる側にもいじめるだけの理由があるんじゃないか」とか「いじめる子どもの心のケアを」という話になってしまうから、いじめを止めた子が無条件に褒《ほ》められたり、評価されたりしないのかもしれません。それでは、いじめを目撃した子どもがいても正義感を発揮しにくいでしょうね。

輪切り教育では学べない「社会の作り方」

長谷川　ところで、今、山岸先生は「現行の教育システムでは」という限定をなさっていました。それは現行の学校教育には問題があるということを含意していると思うのですが、私もそれに同感です。
というのも、前にもお話ししたとおり、ヒトは共同で子どもを育てる種、社会の中で子どもを育てる種です。子どもが大人になるには、親だけの手では足りないので、いろんな人の手を借りないといけないわけですが、近代教育では子どもの教育に携わるのは親と教師に限定されているうえに、子どもたちは学年別クラス編成になっている。ここに大きな問題があると思うんです。

山　岸　いわゆる「輪切り教育」ですね。近代の学校教育は同じ年齢の子どもたちを教室に集めて、そこで効率よく教育を与えるというアイデアに基づいていますが、その結果、教室の中ではいびつな社会が作り出されていると思います。

長谷川　同じ年度内に生まれて、肉体的にも知能的にも、そして社会経験もさほど差がない子どもたちが一カ所に集められているのが学校の教室です。そこで何らかの秩序を作ろうとしたときに、ほんの些細《ささい》なことを理由に序列を作るというのはある意味、当然の結果ですね。「臭いから」とか「のろまだから」という理由から、いじめの標的にされることはよくあると聞きますが、これだって本当に臭ったりするのかはあやしいですね。

山　岸　要するに差別する理由は何でもいいのです。学校のいじめでは「なぜ、その子がいじめられたのか」と探求してもあまり意味がない。

長谷川　結局、今の子どもたちは「社会の作り方」を知らない、いや、教わっていない。そこに問題があるんだと思います。

社会は「みんな仲良く」では絶対に作れません。かならずそこにはルールや秩序が必要です。でも、そのルールが恣意的《しいてき》なものであったりしてはいけないし、また空気を読み合って秩序を作っていこうというのも健全ではありません。

かといって、社会作りは教科書で教えられるものでもない。やはり実地に経験して学習するしかないと思うのです。

その点、昔は子ども同士で遊ぶといっても学校の教室単位ではなくて、コミュニティ単位でした。つまり、近所の子どもたちが路地や空き地で遊ぶ。そこにはお兄さんやお姉さんもいるし、自分より小さな子どももいる。その中で社会が生まれていた。

教科書では学べないこと

山岸 前に出てきた「理論理論」の話にも通じることだけれども、社会の作り方、他者との付き合い方というのは学習して身につけるものだと思うんです。たとえば自分はいつでも楽しく笑っていたいけれども、でも、こういう場合はおとなしくしていないといけないんだというのは、やはりそうした状況に身を置いて、失敗して叱られて学ぶことでしょう。

もちろん、そうしたことは親からも学ぶし、学校でも教わるわけだけれども、それはどちらかというと知識としての学習ですよね。そうではなくて身をもって学ぶというのは、やはり日頃の遊びや付き合いの中でのことだと思うんです。

長谷川　その場合、やはり年が違う仲間がいることが大事なんです。そうでないと健全な自治が生まれない。

山　岸　同世代だけでは「社会」にならないけれども、数歳でも年が違えば子どもの場合は大きな差ですから、そこにはミニチュア版の社会が生まれます。

長谷川　自然と序列が生まれるところが大事なんです。同年代だと無理矢理に序列を作らないといけないから、そこでいじめが起きやすくもなる。

山　岸　そうした序列や階層の中で振る舞い方を予行演習していくことで、子どもはだんだん大人になっていったと思うし、実際、そうした予行演習の場を制度として作っていた社会も近代以前にはあった。

長谷川　日本で有名なのは、江戸時代に薩摩藩にあったという「郷中《ごじゅう》教育」がそれですね。そこでは子どもたちの自治が主軸になっていたようですね。そうした中で子どもたちは社会化されたのだと思いますね。

かつてのような地域コミュニティが復活することは期待できませんから、学校教育を補完するものとして、こうした縦割りの子ども社会を構築していく必要があるでしょうね。

社会問題はなぜ生まれるのか

山　岸　ここまでの話でもお分かりいただけるように、人間は社会を作るように進化した動物であるわけですが、しかし、そこで作られる社会はけっして完璧なものではありません。社会全体が暴走してしまうこともあるし、また、いじめという軋轢も生まれる。つまり、社会というのは、人間の生得の能力——本能——で作れるものではない。

長谷川　そこには知恵で解決しないといけない問題があるというわけですね。

山　岸　サバンナで暮らしていた時代の「社会」、つまりダンバー数前後のメンバーならば、そんなに工夫は要らなかったかもしれませんが、それより大きな社会を作ろうとするといろんな問題に直面します。

長谷川　全員がおたがいに監視できるくらいのサイズだったらルールを守らせるのだって、比較的簡単ですものね。

山　岸　そう、社会作りをしていくうえで、最も重要なのはどうやってメンバーにルールを守らせるかということなんです。

これは大きく分けて、「コーディネーション問題」と「秩序問題」の二つになると私は考えています。

コーディネーション問題というのは、基本的に分業の問題ですね。ただし仕事の分担だけの話ではありません。みんなが好き勝手に行動すると混乱するので、おたがいにどう行動すればうまく行くかをコーディネートする必要がある。

たとえば自動車が普及する。そうしたときに右側通行する人と左側通行する人が混在していたら渋滞が起きてしまうわけですが、これは放置していればそのうち自然と解決するということではありません。左右のどちらを走ることについても、インセンティブがないわけですから、それは当然ですよね。

こういうコーディネーション問題の場合は、「クルマは左側通行」という約束事を決めるのがシンプルな解決策ですね。

仕事の話も基本は同じです。たとえば、刃物のような道具を作る場合、原材料の調達から仕上げまでを一人でやることは不可能ではありませんし、事実、昔はそうやっていた。でも、一人の人がすべての工程をこなすのでは生産量に限りがあるし、個々の作業に熟練するのにも時間がかかります。だから分業をしたほうがいいわけですが、しかし、そこでそれぞれの仕事をやっている人がてんでんばらばらで作業をしていたらロスも多い。効率も悪い。だから、そこを調整しなければいけない。これがコーディネーション問題ですね。

長谷川　そこで古代の王権などが現われたりするわけですね。

山　岸　コーディネーション問題はそれでもまだ解決はやさしいんですよ。というのも、今おっしゃったように王様のような権力者が現われて強制的に命令をすることでも解決はできる。

長谷川　事実、それでピラミッドでも万里《ばんり》の長城《ちょうじょう》でも作れたわけですからね。

一筋縄では解決できない「秩序問題」

山　岸　ところが、秩序問題はそう簡単にいかない。

たとえば、マンションのゴミ出し問題なんかそうですね。月曜日と木曜日が燃えるゴミを集積所に出すというルールを作る。他の日に生ゴミを出したりすると、悪臭がしたり、カラスがゴミ袋をつついて散らかすので、決めた日の朝に出しましょうというわけです。

長谷川　でも、そんなルールを守らない人がかならず現われる。

山　岸　というのも、この場合はルールを守らないほうがメリットがあるからです。つまり、朝の忙しいときにやるのは面倒だから前の晩にゴミを出しちゃおうとか、ゴミを分別するのも面倒だから全部まとめて出してしまおうとか、そういう人が出てくるわけですね。それはルールを守らないことで得をする。

さらにそこで厄介なのは、ルールを守らないで好き勝手にやる人が出てくると、それまでルールを守っていた人たちの中には「自分たちは損をしている」と感じるようになり、同じようにルールを破る人たちが現われてしまう。

こういう具合に「みんなでルールを守ったほうがいいのは分かっているのだが、ルールを無視して行動したほうが自分の得になる」という状況をどうやって解決するかというのが、秩序問題です。

長谷川　ゴミ出しルールを守らない人が現われたとき、普通だったらどうするか。まずは「ルールを守ってください」という貼り紙を貼る。しかし、そんなことでルールを守るようになるとは思えないから、見張りを付けたり、あるいは規則を破って出されたゴミの中身を調べて「犯人」探しをやる……といったところでしょうか。でも、そんな面倒なことを自主的にやってくれる人はあまりいそうにありませんね。それに犯人が分かったところで、罰金やペナルティを課すことはむずかしい。実効的な策はあまりない。

山　岸　賃貸物件で大家さんがいるというのであればいいけれども、分譲マンションだと居住者がみな対等という建前がありますしね。

では、いちいちゴミ出しルールを作らないで管理人さんを雇って、ゴミの集積場をいつもクリーンにしてもらうのはどうか。これならば居住者同士のいさかいや衝突はなさそうです。でも、その管理人さんを雇うお金はどうするのか。

長谷川　きっと「私はいつもルールを守ってゴミを出していたのに、一部の心ない人たちのために追加支出するなんて不合理だ」と思う人が出るでしょうね。それに以前からルールを守っていない居住者がちゃんと支払ってくれるか……。

山　岸　払ってくれない人から管理費を取り立てるためにまた別の業者を雇わなくてはいけなくなるかもしれない……というぐあいで、マンションのゴミ出しルールを徹底させるだけでもけっして簡単にはいきません。

そしてこうした秩序問題は社会のあらゆるレベルでも発生する。たとえば犯罪や脱税の取り締まりでも同じです。

厳罰化で犯罪は防げるか

長谷川　犯罪対策というときに厳罰化を持ち出す人がいますよね。

山　岸　それはあまり意味がありませんね。というのも、罰を重くしてかりに犯罪を起こす人が減ったとしても、そこであえて法を犯すと得られる報酬が大きくなる可能性がある。

長谷川　たとえば株式市場ではインサイダー取引などを防ぐためにさまざまな規制やルールが作られていますが、そうした取り締まりが厳しくなればなるほど「抜け駆け」することで得られるリターンが大きくなる。だから、なんとか法の抜け穴はないか、グレーゾーンはないかとみんなが躍起になって探し回るわけですね。

山　岸　それは脱税でも同じことですよね。抜け駆けしたい人たちは知恵を絞って、システムの盲点を探しますし、見つけるんです。どんなシステムにもかならず抜け穴が見つけ出される。

長谷川　税金を逃れるためにタックスヘイブンに幽霊会社を作ったりするのもその一つですね。リーマンショックの引き金になった、サブプライムローンも犯罪ではないが、やはりグレーな商品だったと言われます。

山　岸　厳罰化による予防効果はそんなに望めないとすると、実際に犯罪を行なった人を見つけるほうに努力を傾けるという考え方もありますが、こっちはコストがどんどんかさんでいきます。

長谷川　犯罪者を捕まえるために、津々浦々に警察官や監視カメラを配置しようとすれば社会全体の費用負担はとても大きなものになる。

山　岸　その分を国民に負担してもらおうと増税をすると、そこで税金を逃れようとする人が出てくるでしょう。そういう「不心得者」を見つけるためには税務署の人員も拡充しないといけませんが、そうすればますますコストがかかって、さらに税負担を増やさないといけないかもしれません。

長谷川　さらにその税務署員がちゃんと働いているかをチェックする人も必要ですね。

山　岸　一事が万事で、秩序問題を権力の行使や監視によって解決するのはとてもむずかしいわけなんです。

社会的ジレンマとは

山　岸　個々のレベルで効率性を追求していくと、かえって社会全体の効率が低下して、結果として個々人にもネガティブな結果をもたらす――こういう状況を「社会的ジレンマ」と呼びます。秩序問題も社会的ジレンマの一つですね。本当はみながルールを守ってくれたら社会の運営はスムーズに行くはずなのだが、そこにはかならず抜け駆けする人がいて効率が落ちる。でも、それを解消しようとするとかえって効率が悪くなってしまいます。

こうした社会的ジレンマは我々人類が現われたときからあったはずなのですが、そうしたジレンマ状況を曲がりなりにも解決できたのは、人間の脳がそれを解決するように進化したからなんですね。

長谷川　その現われが利他行動であったり、共感性であったりするわけですね。つまり、理屈で考えて利己的に行動する前に、ついつい相手の気持ちになって利他的な行動をしてしまうように脳がいわばプログラミングされている。

アフリカでフィールドワークをしていると日本では考えられないレベルの貧困に苦しんでいる人たちにたくさん会います。もちろん、私自身には彼ら全員を救える能力もゆとりもありませんし、また、私には私の仕事があってそっちに集中しなければなりません。でも、やはりものすごく気が重くなってしょうがない。これはやはり私自身の理性のもたらすものというよりも、むしろ脳の中にそう感じざるをえない回路があるとしか思えません。

直感的な犬と理性的な尻尾

山　岸　私たちの行動は、単純な合理性や利己性では決定されないという話については、社会心理学者のジョナサン・ハイトの指摘がひじょうに参考になると思います。

彼は「直感的な犬と理性的な尻尾」(The Emotional Dog and Its Rational Tail, 2001) という、ユニークなタイトルの論文を発表しています。これは「私たちの行動は理性よりも感情、あるいは情動によってモチベートされていて、それを後から合理化しているのだ」という意味です。

長谷川　英語にはワグ・ザ・ドッグ (Wag the dog) という言い方がありますよね。ワグとは尻尾のこと。イヌは尻尾を振るのであって、尻尾がイヌを振っているわけではない。つまり、ワグ・ザ・ドッグとは「それは主客転倒した話だよ」というくらいの意味です。彼の論文はそれを踏まえているわけですね。

山　岸　彼がここで特に指摘しているのは道徳の話なんです。つまり、道徳は私たちにとって行動規範のベースになるものですが、そうした道徳の起源は「理屈にならない感情」にあるのだというわけです。

ハイトらはそれをさまざまな実験を通じて明らかにしたのですが、その中には、こんな質問を投げかけるものもあります。

「ここに殺菌済みのゴキブリ（の死体）があります。このゴキブリは実験用として清潔な環境の中で飼育されたものなのですが、念のためにどんな細菌でも生き残れないほど高温になる圧力釜を使って、殺菌処理をしています。さて、このゴキブリの死体をリンゴジュースの中に入れ、茶こしでこしてコップに入れました。あなたはこのジュースを飲めますか？」（ハイト『社会はなぜ左と右にわかれるのか』高橋洋訳・紀伊國屋書店）

長谷川　私はけっこう飲める自信があるのですが、でも、「抵抗がある」と言う人は多いでしょうね。

山　岸　私も「飲める派」です。ゴキブリがリンゴジュースの中に入っているわけでもないし、また、ゴキブリそのものは殺菌をしていますから衛生的には何の問題もない。でも、それはあくまでも理性の部分での理解であって、「やっぱり飲みたくない」という人のほうがずっと多いわけですね。

長谷川　理性の尻尾の方向を変えても、イヌ本体の向きは変わらないというわけですね。

山　岸　ハイトらの実験では、「ノー」と答えた人に対してはその理由を答えてもらったのですが、そこでは「なんとなくイヤだ」とか「不潔な気がする」というように、情緒的な答えが返ってきた。それに対して実験者が「不潔だと思うのは根拠がない」などと論理的に説得するのですが、それでも多くの人は「やっぱりイヤだ」と答えたといいます。

長谷川　清潔なものを好み、不潔なものを遠ざけるという私たちの行動基準、広く言えば道徳は理性ではなくて、感情的なものなのだというわけなんですね。

道徳律は「理屈抜き」

山　岸　そしてハイトたちはさらに踏み込んだ質問をしています。

「兄のマークと妹のジュリーは、大学の夏休みにフランスに旅行している。二人は、誰もいない浜辺の小屋で一夜を過ごす。そのときセックスをしてみようと思い立つ。二人にとっては、少なくとも新たな経験になるはずだ。ジュリーは避妊薬を飲み、マークは念のためコンドームを使う。かくして二人は楽しんだ。だが、もう二度としないと決め、その日のできごとは二人だけの秘密にした。そうすることで、互いの愛情はさらに高まった。さて、あなたはこのストーリーをどう思いますか？　二人がセックスしたことは間違っていると思いますか？」（ハイト前掲書）

長谷川　人類普遍といってもいい近親相姦タブーに触れる内容ですね。

山　岸　近親相姦が禁じられている最大の理由として普通、挙げられるのは、血縁者同士の性交渉によって生まれる子には遺伝的欠陥が生じやすいということですよね。でも、この二人はきちんと避妊しているわけだし、二度とやらないと決めています。またこれは完全に合意のうえのセックスであって、レイプなどではありません。そういう説明をしても、なお大多数の人は「それでもこの二人のしていることは間違っている」と言い張ったそうです。

長谷川　「ダメなものはダメ」というわけですね。

山　岸　でも、考えてみてください、彼らの行動は誰にも迷惑をかけているわけではありませんよね。ともに大学生同士であるわけですから、判断力もある。単なる衝動でセックスをしたわけでもない。なのに、なぜ多くの人が彼らの行為を批判するのか。

長谷川　それはつまり、その人の中のイヌが吠え立てるからですね。つまり、否定的な情動が合理的な判断を妨害している。

六種の道徳律

山　岸　ハイトはこうした実験を通じて、「理屈抜き」で人間が守ろうとする道徳律には大きく六種類あることを示しています。細かな説明は省きますが、〈ケア／危害〉〈公正／欺瞞《ぎまん》〉〈忠誠／背信〉〈権威／転覆〉〈神聖／堕落〉、そして〈自由／抑圧〉がそれです。

長谷川　それぞれが〈するべし／するなかれ〉という形でユニットになっているんですね。

山　岸　この六つの道徳に抵触するような質問に対しては、多くの人が感情的な抵抗を示すのはなぜかというと、それは進化的な基盤に由来するのだとハイトは言います。

長谷川　つまり、ヒトという社会性を持った種が進化する際に、これらの道徳律を無条件で守るような心の仕組みが生まれたのだというわけですね。

山　岸　たとえば仲間が危険にさらされているのを目撃したら、即座に対応しないといけない。おぼれている子どもがいたら、川に飛び込む——それを「はたしてこの場合、救える可能性は何パーセントで、自分自身がおぼれてしまう可能性は何パーセントあって、どちらを選択するのが合理的か」などと考えていては困るわけですね。

長谷川　その場合だと〈ケア／危害〉という道徳律がいわば反射的に作動するというわけですね。

山　岸　これらのモラルが無条件に守られるように人間は進化したので社会を作れたというのがハイトの解釈です。

長谷川　そういえば、赤ん坊でもフェアネス、公正さを好むという発達心理学の実験がありますね。

この実験では、赤ん坊に積み木が主人公のお芝居を見せます。それは、青い三角の積み木がボールを押しながら坂をえっちらおっちら上っていると、坂の上から赤い四角の積み木がやってきて、青い三角の行く手を塞いで邪魔をするというストーリーです。

この芝居を見せた後に、赤ちゃんの目の前に青い三角と赤い四角の積み木を出すと、赤ちゃんのほとんどが青い三角の積み木を選び、赤い四角の積み木には手を出さないんですね。

山　岸　これはハイトの仮説では〈公正／欺瞞〉に相当する話なんでしょうね。つまり、アンフェアなことが行なわれていることを赤ん坊でも認識しているということなのでしょう。邪魔され

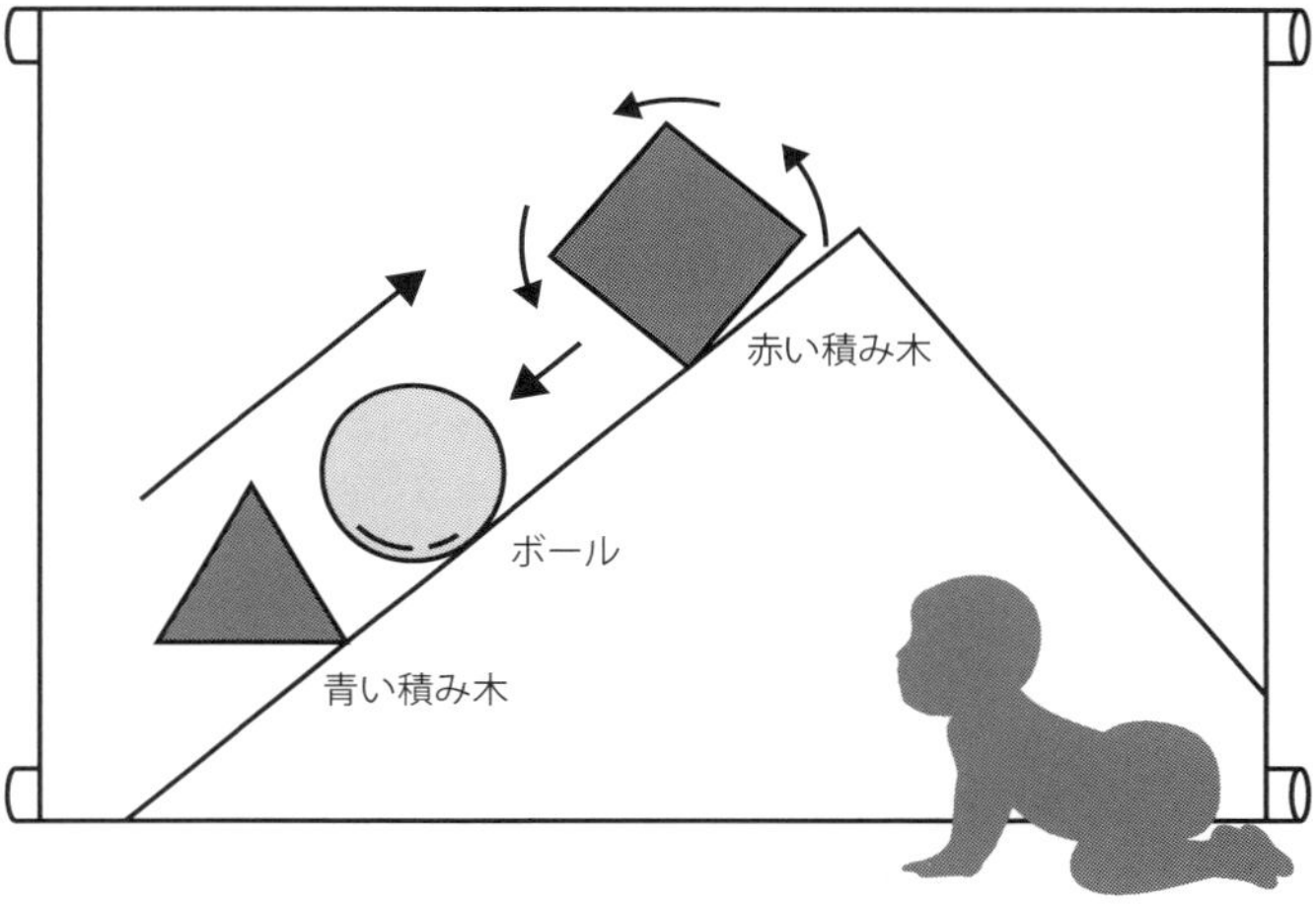

生後間もない赤ちゃんでも「フェア／アンフェア」の感覚がある

ている青い三角に同情しているという解釈も可能ですが、どちらにしてもこの芝居によって赤ん坊の情動が喚起された。

長谷川　これは当初、生後六カ月くらいの赤ちゃんが実験対象だったんですが、その後、生後二〜三カ月の赤ちゃんでも同じような反応を示すことが分かりました。フェアネスに対する感覚というのはひじょうに根源的なものではないかというわけですね。

七つめのモラルとは

山　岸　ハイトの論文は人間社会の秩序を構成するうえで不可欠な道徳律が、実は感情や情動に根ざすものなのだということを明らかにした点ではひじょうに重要です。

しかし、この六つの道徳律はあくまでも人間が進化した環境の中での必要条件であったわけですが、今日の社会を考えたとき、これら六つの道徳律だけで十分なのか——そこを私は強調したいんですね。

そこで質問です。長谷川先生、先ほどの六つの道徳律に何か重大なものが欠けているんですが、お分かりですか？

長谷川　う〜ん、何だろう。もったいぶらずに教えてください（笑）。

山　岸　それは「平等」という道徳律です。ハイト流に言うと〈平等／差別〉ですね。平等であれ、差別するなかれということ。

長谷川　そういえばそうですね。ハイトの道徳律の中には〈自由／抑圧〉はあるのに、平等は入っていない。これはなぜなんでしょうか。一般的には「自由と平等」はひとくくりにして扱われる概念ですよね。

山　岸　これはハイトが入れ忘れたわけではなくて、人間の進化環境で求められた道徳律には平等は必要とされていなかったからだろうというのが私の仮説なんです。

長谷川　たしかにヒトの近縁種であるチンパンジーやゴリラたちの集団には平等はありません。流動性はあるとはいえ、集団内には序列、つまり上下関係のようなものが作られていて、それぞれがその枠の中で行動している。

山　岸　ハイトの道徳律の〈忠誠／背信〉〈権威／転覆〉〈神聖／堕落〉はそうした秩序を作るためのものですね。つまり、ボスに忠誠を誓え、権威に従え、神や聖なるものを侵犯するなというわけで、それらはすべて序列を作ることにつながっている。

長谷川　秩序問題を解決するには、それらの道徳律は不可欠なものだったのでしょうね。

山　岸　そうした秩序を守っているかぎりにおいては、人々は自由に行動することができる。抑圧してはいけない――六番目の〈自由／抑圧〉とは本来、そういう意味合いのものだったのでしょう。

でも、そうやって作られた序列とは要するに差別を正当化し、固定化するものに他なりません し、また、集団の外からやってきた新しいメンバーに対しても排除の論理、差別の論理が働く。

長谷川　そうして身内だけで固めていくことが進化環境では必要だったのですね。

山　岸　でも、そのやり方では社会の発展には限界があります。

長谷川　どこまで行っても部族社会の延長ですものね。

山　岸　近代になって――具体的にはアメリカ独立やフランス革命の時代になって――「平等」という観念、人権という観念が出てきたのは、それらが社会をさらに発展させていくためには不可欠な道徳律だったからだと思うんですね。

長谷川　今日のようなグローバル化、ボーダレス化の時代ではますますその道徳律が必要になってきますよね。肌の色や言葉、あるいは国籍などで差別していたらとてもグローバル化はできない。誰でもウェルカムの社会にしないといけない。

山　岸　まさにそのとおりなんですが、でも、この平等という道徳律は進化的な基盤を持っていないし、むしろハイトの言う道徳律とは折り合いが悪い。

長谷川　理念として、私たち現代人は「平等は大事だ」「人権を守らなくては」と理解はできていても、それが実際に行なわれているかというと大いに疑問ですよね。

山　岸　世界ではじめて「人権宣言」をしたと言われるアメリカでさえ、黒人差別はなくならない。それはなぜなのかということを次の章で考えてみたいと思います。

第5章

なぜヒトは差別するのか

差別と偏見を分けて考えよう

山　岸　繰り返しになりますが、アメリカ社会はリンカーンの奴隷解放宣言、さらに公民権運動などを通じて黒人差別をなくそうとしてきました。しかし、二一世紀の今日でも黒人差別が根絶できたとはとても言えません。

長谷川　もちろん、アメリカだけではなくて差別は日本も含めた世界中の問題ですね。

山　岸　この差別の問題を社会心理学や進化学の視点で考えるとどうなるかということを話したいと思うんですが、私の考えを先に言うと、しばしば一緒に語られる「差別」と「偏見」は切り離して考えるべきだと思うんです。

長谷川　というと？

山　岸　そもそも、一般的な観念では「差別は偏見から生まれる」と思われていますよね。つまり「先入観や偏見があるから人は差別するようになる」というわけですが、私はそれはちょっと違うんじゃないかと思うんです。端的に言うと、差別の原因は偏見ではない。差別が起きるのは、差別をしたほうが得な状況がそこにあるからであって、偏見が産み出すものではないということです。

長谷川　差別問題を「心でっかち」で考えるな、ということですね。

山　岸　もちろん他者に対して偏見や固定観念を持つことは好ましくない。肌の色や性別や職業や国籍、民族などで相手をジャッジしてはいけないのは当然です。しかし、そうしたステレオタイプなものの見方を矯正《きょうせい》することで、差別を解消させようというのは間違ったアプローチだと思うんですね。

長谷川　それよりも差別を作り出す外的状況を変革しようと。

なぜ差別は生まれるのか

山　岸　こういう言い方をすると誤解を招きやすいとは承知のうえで言いますが、社会の中で差別が行なわれるのには、そこに何らかのメリットがあるからなんです。少なくとも、当初の段階ではメリットがあった。だから差別の構造が始まって、その後も続いていく。

逆に言えば、差別をすることでデメリットやコストが増えるのであれば、そうした差別は生まれない。だから差別をなくしたければ、差別をすると損をする状況を作ればいいということですね。

長谷川　たとえば黒人差別や女性差別にもメリットがあったというわけですか？

山　岸　そのメリットとは、肌の色の違う人、外国人、あるいは女性が参入することを妨害すれば自分たちの既得権益を守れるということですね。

長谷川　たしかに、それはそうですね。アメリカの黒人が差別されてきたのは奴隷扱いをすることによって白人たち、ことに南部の農園主たちが経済的に得をしたからだし、女性差別も、女性を排除したほうが男性中心の社会にとっては利益があるからでしょう。

山　岸　こうした利害関係が絡まないところでは差別は起きにくいんですよ。たとえば、アメリカ南部で黒人が奴隷として扱われていたころ、同じアメリカでも北部のほうでは黒人男性はアメリカ国民として扱われていた。これはやはり経済的な構造の違いですね。

差別はなくとも、偏見は生まれる

長谷川　ニューヨークやワシントンのような都市では黒人を排除したほうが得をするという状況があまりなかったということでしょうね。

偏見と差別は直接関係ないという話で思い出したのが、ニューギニアの先住民たちの話です。彼らは身内だけで小さな部族社会を作って生きていて、本当にちょっと谷を越えただけで、そこは別の部族で言葉も習慣も宗教も違ったりする。

山　岸　つまり、部族間ではほとんど往き来はない。そこでは差別は起きないでしょう。

長谷川　そもそも交流がないんだから差別のしようもありません。でも、偏見はものすごい。彼らの話を聞いていると、よその部族に対して「あいつらは最低だ」とか「ウジ虫同然のやつらだ」

と口汚く罵るそうなんです。

山　岸　いわゆる「内集団びいき」は利他行動を産み出すために不可欠な心の働きで、集団内部で結束するのは人類普遍のことなんですが、身内を大事にすることが、そのまま外部集団へのネガティブな行動を産むことにつながるかというと、それは直接的な関係はないと思うんです。

長谷川　内集団びいきがそのまま戦争につながるわけではないということですね。

山　岸　これは長谷川先生のほうがお詳しいとは思うんですが、部族間の争いはたいていは個人レベルの話なんですよね。たとえば隣村のあいつが俺に酷《ひど》いことをしたから、懲《こ》らしめに行こうといった感じで、戦争というよりは個人的な仇討《かたきう》ちや復讐なんですね。

長谷川　「目には目を歯には歯を」ですね。ただ、そこで敵を討ちたい人間が誰なのか特定できないと、相手の集団全体を襲ったりすることもありますね。

山　岸　それともう一つは、一方が復讐をすると、今度は復讐された側が今度は復讐する側に回るので、争いが拡大しないまでもなかなか収まらない。サルディニアやコルシカあたりでは、そうやって復讐の連鎖が代々続いている家があるらしいですね。

なぜ「村長」は必要か

長谷川　小規模伝統社会の部族間戦争の大きな原因の一つは、外部の血を入れるためによその部族の女性を拉致してくること。これが元で戦争になったという話は神話や伝説に山のようにあります。この次に多いのは猟場荒しですね。部族間で漁や狩りをする際の取り決めをしているのに守らない。「あいつらがごっそり漁をしたので、こっちが獲れなくなった」という諍《いさか》いですね。また、贈り物に関する争いもある。「相互にプレゼントをするはずなのに、連中がお返しをしてこない。けしからん」というわけですね。

　こうした争いが発展して、何かのきっかけで一人が死ぬと、復讐が始まり、その過程で死者や犠牲者が増えていくと本格的な戦争になる。

　そういうエスカレーションを収める役が、いわゆる「村の長《おさ》」なんですよね。部族の長というと、身体が頑強で喧嘩に強い人が選ばれるような印象があるかもしれませんが、そうじゃなくて大事なのはソーシャルネットワーク力をどれだけ持っているかということなんです。

　と言っても、村長自身が相手方の人間を直接知っていなくてもいい。それよりも大事なのはこの争いを収めるためにどういう交渉をするのがいいのかが分かることで、たとえば、「相手方の村長に話をつけるには、向こうのAという男から村長に話を通すのがいいが、そのAという男と昔から気脈を通じているのがうちの村のBというやつだから、Bを呼んで話をしよう」と考えることができる人が村長になるわけですね。

　ちなみに、こうした小規模伝統社会の多くでは、村長にはいわゆる「役得」らしきものや、権力はないそうです。

山　岸　なるほど、村の代表として折衝する役割ではあっても、指導者であるわけではないのですね。そうした集団間での紛争や対立がどのように形成され、終息していくかも興味深い問題ではありますが、差別というのは集団間ではなくて、集団内部での問題なんです。

長谷川　さらに言うと、戦争や紛争は偶発的に起きたりもしますが、差別はそうではありませんものね。感情ではなくて、利得の問題である。

山　岸　そう、だから差別をなくすには、差別をすることによって得られるメリットよりも、差別をしないことで得られるメリットを大きくすればいい。そういう意味では私は資本主義の競争社会は「差別をなくす社会」だと思うんです。

長谷川　差別を温存させたままではグローバルな競争には勝てませんものね。

山　岸　最近の論調では「競争は格差を作る」という否定的な意見ばかり目にする気がするのだけれども、私は「それはちょっと違う」と思っているんですよ。競争なき社会というのは差別の社会、差別を温存する社会ですよ。

長谷川　たしかに中世以前の社会では身分が固定化していて、社会の中で下層の人が上昇することは不可能でした。

山　岸　それが近代になって変わったのは資本主義が生まれたことが大きいと思うんです。資本主義は言ってみればすべてのものを数字、つまり貨幣に換算するということでもある。肌の色が違ったり、性別が違っていても、結果を出せればそれでＯＫというのが資本主義です。

長谷川　グローバルな競争になればなるほど、少なくとも企業社会の中からは差別がなくなるはずですよね。でも、実際にはそうはなっていませんね。むしろ以前よりも日本社会では差別が行なわれている印象があります。

日本的雇用は差別の塊

山　岸　ことにビジネスの世界では未だに日本は差別が横行していますよね。その端的な例が定年制です。日本人は定年になったら会社を辞めるのが当たり前と思っていますが、これはアメリカでは差別です。

長谷川　たしかに六〇歳を過ぎたら一律に雇用しないというのは年齢による差別ですね。

山　岸　日本でもようやく採用の際に、原則、年齢制限をしてはいけないという法律が出来ましたが（平成一九年一〇月雇用対策法改正）、定年制はまだ違法ではありません。

さらにそこに加えて女性差別もあるし、また学歴差別もある。さらに最近では正規雇用と非正規雇用の差別が生まれつつある。これは深刻な事態だと思うんです。

長谷川　私の印象からすると、戦後の日本は会社や組織ごとに、一種のムラ社会、部族社会が作られていて、その中でそれぞれが小さくまとまって生きていたという感じですね。そこにグローバリゼーションという大波が押し寄せてきたわけですが、それで従来の企業社会が解体され、オープンな社会が作られたかというと疑問ですね。むしろ以前よりも「内集団びいき」が強まっている気がします。

山　岸　おっしゃるとおりで、戦後の日本は本質的には「内集団びいき」の世界だった。会社も官庁もみんなそれぞれに内向きにまとまっていたわけですね。

戦後日本の企業社会はその内側に「差別」の構造を宿していた

長谷川　その象徴がいわゆる「日本的雇用」です。

山　岸　戦後の日本企業は新卒の学生を正社員として雇い、彼らが定年になるまでずっと雇用を保障しました。いわゆる終身雇用ですね。つまりいったん一つの会社に雇われたら、よほどのことがないかぎり、クビにされない。それどころか、黙っていても年功序列でポジションも上がっていったし、給料も毎年、少しずつ上がっていったわけですね。

長谷川　「一人も落伍者を出さない家族的経営」といえば聞こえがいいですが、外から見ると完全にカルト集団みたいな感じですよね。

山　岸　実際、みんなで経営者が作った社訓を唱和したり、体操をしたりするし、社員旅行は全員参加。結婚相手も上司が見つけてくれたり……中国の人民公社、旧ソ連のコルホーズもかくやという世界ですよね。

長谷川　ただし、その社会に入れるのは男性だけで、女性はあくまでも「お茶くみ」のＯＬ扱いで、終身雇用も年功序列も関係ない。

山　岸　さらに言えば、そもそも「日本的雇用」なるものが行なわれていたのは高度成長期においてはごく一部の企業にすぎませんでした。世の中の大部分を占める中小企業、零細企業にはそうした制度がそもそもなかった。だから、「日本的雇用が高度成長をもたらした」といった説明のしかたは正しくないと思うんです。

長谷川　今でこそサラリーマン（雇用者）は全労働人口の九割近くを占めていますが、一九五九年当時でようやく五割で、八割を超えたのが一九九三年のことですものね。私たちの子ども時代には会社勤めの家の子は少数派でした。

山　岸　ただし、私は「日本的雇用」そのものを批判するつもりはあまりないんです。こうした雇用形態はその当時の社会環境にはフィットしていましたから。

長谷川　そうして社員を囲い込むことが当時の日本企業がサバイバルするためのニッチェであったわけですね。

なぜ企業は学歴を気にしたのか

山　岸　途中入社を許さず、終身雇用にすることで、企業内の結束は確実に強化されたでしょうし、また忠誠心も高かった。これによって日本経済は敗戦の焼け跡から立ち直れたし、国際的な競争にも勝てた。奇跡と呼ばれた高度成長を達成したわけです。

そういう意味では、世の中には「合理的な差別」というのはたしかにあると思うんです。たとえば入社試験において出身校で差別がされてきたというのも、ある種の合理性はあった。企業にとっては「いい人材」を取りたいのだけれども、誰がその「いい人材」なのかは測定のしようがない。

長谷川　ペーパーテストの点数がよくても、かならずしも「いい社員」になるとは限りませんものね。

山　岸　もちろん、いい大学を出たからといっていい人材であるとは限らない。でも、入社試験の段階では誰がいい人材になってくれるかは予想もつきません。

長谷川　ことに職歴のない新卒の学生だったらなおさら分かりませんね。

山　岸　そこで企業ができる対策というのは統計に頼ることくらいしかないでしょう。テストや面接を何度やったところで、将来性が正しく判定できるというものではない。だが卒業大学という属性だけは明確に分かるから、そこに入社後の能力との相関関係はないかと考える。そこで統計的に有意な結果があったとしたら……当然、それを企業は重視しますよ。

そうした客観指標を無視して、面接時の印象だけで決めたりするのであれば、採用試験はどんどんギャンブルに近くなりますね。

長谷川　雇ってみて「これは使えない」と分かったらすぐにクビにすることができればギャンブルでもいいんでしょうが。

山　岸　でも、悪い人材を雇えば会社に被害を与えるわけですから、やはりそれでは効率が悪いですね。

長谷川　ギャンブルよりは効率のいい、何らかの選別基準がないといけない。そこで学歴は一つの基準として選ばれるわけですね。

山　岸　しかし、こうした「統計的差別」が正当化できるかというとそうではありません。企業にとってはそれが安全策であっても、雇われる側からすれば、それは許せない差別です。

「予言の自己実現」が差別を助長する

長谷川　本当は能力があっても、過去の統計だけで判定されてしまうわけですものね。雇用における男女差別はまさにそれです。

「女性はすぐに寿退社《ことぶき》をするから」という統計上の理由で、男性を優先的に抜擢する慣行が続けば「どんなに頑張っても評価されない」という意識を女性は持つようになり、「だったら結婚して主婦になったほうがいい」と選ぶようになっていく。それを見た会社側は「やっぱり女性はダメだ」と思うようになり、男女差別がますます正当化される。

山　岸　まさにそのとおり。統計的差別を続けることで、現実が固定化してしまう。企業経営の視点から考えると、優秀な人材であれば男性でも女性でもかまわないはずです。なのに、統計的な理由から女性を排除しつづけていくと、活躍できるはずの人材を企業みずからスポイルしてしまうことになる。

それに関連するのが「予言の自己実現」という話です。

たとえば「あそこの銀行は危ないらしい」という根も葉もない噂が一人歩きすると、それを真に受けた人たちがどんどん預金を下ろしにいくので、その結果、本当にその銀行の経営が破綻してしまう。「予言」そのものには根拠がなくても、それを信じる人たちが増えることによって予言が現実のものになっていく。

ピグマリオン効果

長谷川　ピグマリオン効果というのもありますね。「この生徒は知能テストの結果がよかったから、じきに成績が急上昇するはずだ」というウソの情報を担任の先生に与えたところ、本当にその生徒の成績が上がったという実験結果があります。

知能テストうんぬんはウソでも、そのウソで先生が子どもの可能性を信じ、その信頼を子どもが感じて努力したからそうなったわけですが、これもまた「予言の自己実現」の一種ですね。

ちなみに「ピグマリオン効果」という名称は元々はギリシャ神話のエピソードに由来します。ピグマリオンというのは伝説上の王様の名前です。彼は人間の女性に失望して、自らが作った女性像に恋をしてしまったと言われますが、その話に触発されて、劇作家のバーナード・ショーが同名の戯曲を書いた。それが後に「マイ・フェア・レディ」の原作になったのですが、「ピグマリオン効果」の名は直接にはこの戯曲から生まれたらしいですね。

山　岸　「君は賢い子なんだ」と本気で信じて育てると、本当にそうなるというわけですが、この予言の自己実現という現象について、学術的に最初に述べたのはロバート・キング・マートンという社会学者でした。彼は第一次世界大戦後のアメリカ北部の工業地帯でフィールドワークをした結果、黒人差別の背景には「予言の自己実現」が関与していると分析したのです。

日本と違ってアメリカの産業界ではクローズドショップの労働組合が一般的です。つまり、企業で働くためには、労組への加入が前提条件で、非組合員を工員として雇うことは労組潰しにあたるので許さないという取り決めが企業と労組との間にありました。

長谷川　日本だと会社に入ったのちに労組に入るかどうか決めればいいけれども、当時のアメリカはそうではない。しかも日本のように会社ごとに労働組合があるのではなくて、職種別で労組がある。工場労働者、トラック運転手といった仕事ごとで労働組合が作られて、そこに入っている人でないとその仕事を得られないわけですね。

山　岸　ええ、職種ごとで労組を作ることによって、新規参入者が自分たちの仕事を奪う事態が起きないように防衛するというのも労働組合の役割の一つです。

さて、マートンが調べた時代の労働組合は黒人の加入を認めていませんでした。「黒人は労組の敵だ」と考えられていたからです。

というのも、労組がストライキをすると、企業は臨時に黒人を雇って工場の操業を維持しようとします。いわゆるスト破りと呼ばれる行為ですが、しかし、黒人は何も好き好んで労組の敵になっているわけではない。

彼らは正規の仕事を求めてわざわざ南部からやってきたのだが、労組が加入を認めてくれないので就職できない。だから悪いこととは知っていても、そんな仕事でもやらざるをえないわけなのです。

長谷川　ニワトリが先か、卵が先かという話に似ていますね。どっちが先かは分からないけれども、黒人差別をすることがさらに偏見を強化し、差別を拡大してしまう。

山　岸　こうしていったん差別の構図が出来てしまうと、労組のメンバーに対して「あなたたちは黒人に偏見を持っている」と言ってもなかなか通用しません。「実際、黒人は労組に敵対しているのだから偏見ではない」と反論されるのがオチです。

「スローガン」では差別は解消できない

長谷川　一種の入れ子構造になってるんですよね。

どちらが先というわけでもないのですが、差別構造があると、それによって差別を正当化する現実が生まれ、その現実が差別構造をさらに補強していき、ますます差別を正当化する現実が生まれてくる。放っておくと差別が固定化するばかりでしかない。

それによって社会全体に何らかの効用が生まれるのであればまだしも、現実には機会損失が生まれています。

山　岸　日本の競争力が欧米に比べて低いのは、女性や外国人などを積極的に活用していないからだということは今では広く認識されています。でも、いくら「一億総活躍」などとスローガンを打ち出したところでそれは変えられません。

長谷川　まさしく「心でっかち」の状況に陥っていますね。大事なのは、そうした心を生み出す現実を変えていかなければいけないんです。

山　岸　多くの人にとって、現実は「結果」であって、その現実を作り出す「心」のほうを変えないと現実は変わらないと思っています。でも、統計的差別の場合、長谷川先生の言っておられるような入れ子構造になっているわけですから、心がけだけを変えても意味がない。現実も同時に変えていかないといけません。

制度改革こそがなすべきこと

長谷川　前のジョナサン・ハイトの話じゃないけれども、心がけを変えようとするのはイヌの尻尾の向きを変えることでイヌの向きを変えようという、無駄な努力にすぎない。それよりも現実というイヌの胴体のほうの向きを変えないといけない。

山　岸　女性や外国人には有能な人材がいて、彼らを登用しないとグローバルな競争には勝てないということは、日本の企業人も理屈としては分かっているはずなんです。でも、それに踏み切れない。現状維持を選んでしまう。

それは予言の自己実現が関係しているわけですが、そのメカニズムを支えているのは、人間が持っている「身内は守るべきである」という道徳に由来する。ジョナサン・ハイトが言っているように、その道徳というのは情動に根ざしたものにすぎないのだけれども、人間の心はそれを合理化しようとするわけですね。

長谷川　だから差別をする人たちに言葉で説得しても意味がない。それよりも「新しい現実」を見せたほうがいい。欧米で行なわれているクォータ制やアファーマティブ・アクションはそのためのものですよね。

山　岸　また、女性や黒人の社会参加を実現すれば、差別されていた側（黒人や女性）も「どうせ自分たちは努力してもダメなんだ」と諦める必要がないと気がつきますから、差別を合理化していた「現実」そのものが変わっていきます。

アメリカでは大学入試や企業の採用の際にアファーマティブ・アクション、日本語に翻訳すると「積極的是正措置」が一九六〇年代くらいから行なわれています。入試や採用の際に、最初から黒人やネイティブ・アメリカンなど少数民族の枠を作ったり、少数民族の受験者にはテストの点数に「ゲタ」をはかせるなど、そのやり方はさまざまあるようです。

またクォータ制というのは主に選挙制度で行なわれているもので、女性議員の割合を一定以上にするというルールを作る。これは最初、北欧で始まって欧米に広がり、今では世界中で採用する国が増えているようです。

こうしたアファーマティブ・アクションやクォータ制に対して、かならず「それは逆差別だ」と批判する人たちがいます。でも、これらの制度は少数者、被圧迫者を単に優遇するためではなくて、現実を変えることによって人々の意識を変えていくのが目的なんです。

長谷川　理屈では変えられない「予言の自己実現」を打破するわけですよね。みんな「現状はよくない」とは言うんですが、そこでシステムを変えよう、見直そうという話にならないんですね。

たとえば私が出席している政府の委員会でも「女性幹部を増やすにはどうしたらいいか」という話は出てくるんです。男女比があまりにも偏っていることまでは自覚しているわけですが、そこからなかなか話が進まない。「女性に門戸を開きましょう」とか「もっと女性の自覚を促したい」みたいなことばかりで、制度改革の話は出てこないんですね。

ことに行政の末端、つまり現場レベルで女性が参入しにくいのには、そうした仕事では昇任試験がかならずあって、それに合格しないといけないという事情があります。

山　岸　警察や自衛隊、消防署……そうしたところはみんな試験があるようですね。

長谷川　試験を受けるには、やはり講習を受けたり、試験勉強をしたりしないといけないのですが、家庭を持っている女性はそのために時間が割《さ》けないという状況があるんですが、それを変えようという発想がなかなか出てこない。

差別追放は社会の繁栄に直結する

山　岸　「女性は出世欲がない」とか「やる気がない」と片付けられてしまうんでしょうね。

長谷川　任用システムに問題があることに気づいても、それを変えるのはコストがかかるので「心がけで変わってほしい」と思っている人もいるのかもしれません。

でもこれは根本的には予言の自己実現だし、内集団びいきの話なんですよね。

つまり、女性は子どもが熱を出したりすると帰ってしまうから、男性を幹部にしたほうが合理的だというわけなのですが、そうなれば、馬車馬《ばしやうま》みたいに働く男性を女性が家庭でサポートするという形で社会が作られていく。そんな社会で女性を幹部にするには新たに託児所を整備するなどの必要が出てきて、「余計なコストのかかることは止めるべきだ」という話になって、男女差別は合理的だという話になってしまいます。

山　岸　でも、その合理性とはあくまでも「後付け」のようなものであって、本当に合理的に考えるならば、有能な女性をどんどん登用するべきですよね。しかも行政組織なのですから「男女差別を排除する」と宣言し、行動することの意義は大きい。

また、歴史的に見ても、人権思想が生まれたことで人類社会が飛躍的に発展したのは動かしがたい事実です。個別に見ても、ソ連のような全体主義の国は滅び、民主主義を採用した国は長く続いている。生まれや階級などで差別をしない社会のほうがやはり強いわけですね。

有能な人を抜擢するシステムや、そういう人たちをサポートするシステムを作ったほうが間違いなく社会全体の効率はよくなる。ものすごくシンプルな話なんです。

長谷川　女性にも門戸を開放すれば、男性だけよりも倍の可能性を得られるわけですからね。外国人を採用したり、英語を社内公用語にしたりするよりも、そっちのほうがずっと企業経営にとっても有利です。

山　岸　もちろん個々の経営者でいえば、それに気づいている人もいるでしょう。しかし、だからといって一社だけが変えたところで男女が平等に参画できる社会は実現できませんし、むしろその会社にとってはコストが増えるだけかもしれません。社会全体で変えていかないと意味がないんです。

均衡点にトラップされた日本

長谷川　数学的に言えば、みんなで一斉に行動しないと均衡点が移動しないということですね。社会というのはそれなりに安定したシステムであるので、少しくらい変えたところでビクともしない。均衡点はそう簡単にシフトしないんです。これは差別だけの話ではないですね。

たとえば大学でも、教員と学生と経営者がそれぞれダメな形で均衡点を作ってしまっているケースは少なくありません。

教員は教育で手を抜いて自分の研究だけしていたい、学生は単位だけもらって勉強せずに卒業したい、経営者はなるべくコストをかけずに卒業生をたくさん出したい――もちろん、それぞれダメなのだけれども、三者とものダメだとそれでバランスが取れてしまうので、設備はない、教員は真面目に教えない、学生は勉強しないという大学が現実に生まれてしまう。こうなると、いくら外圧があったところでなかなか体質改善はできません。たとえ学生が「これではいけない」と奮起しても教員や経営者が変わらなければダメなんですね。

山　岸　そうした状況をニッチェと言うわけですが、ニッチェから出るために三者同時にスイッチを入れないといけない。

長谷川　教育改革ということでいえば、さらにそこに企業や上級学校の変革も必要になってきます。

戦後の日本では企業は大学にほとんど期待してきませんでした。というのも、終身雇用制度ですからいったん社員になれば、そう簡単に辞めたりはしない。だから、新人研修にも時間やコストをかけられて、会社に都合のいい人材に育てることができる。したがって、大学で何を学んできたのかは企業にとってあまり重要じゃなかった。また、それを大学の側も承知しているから学生の社会教育には力を入れない。そういう均衡点が長らく続いてきましたね。

しかし不景気がずっと続くと企業の側には人材育成の余裕がないので即戦力がほしい。力があるんだったら学歴は不問だと言い出しているのですが、かんじんの学生や大学の意識が変わらないのではいくら企業が旗を振ったところで状況は変わらない。

山　岸　日本ではここ二〇年ほど、どの党が政権を取っても「構造改革」とか「規制緩和」と言っています。つまり、この二〇年の構造改革や規制緩和は実際のところ、大した効果を上げていない、少なくともみんなが成果を実感できていないということですね。それはまさに日本社会全体が一種の均衡点にトラップされているからで、これは思いつきや出たとこ勝負の改革ではとても変えようがない。やるとなったらシステム全体を設計し直して、みんな同時に変わらないといけないのですが、そこができていない。

長谷川　このままだと身動きできないまま朽ち果ててしまうのではないかという危機感すら覚え

ますね。

山岸　私もそう考えますし、ここからの脱却はなかなか容易なことではない。そこでいったいどのようにしたら日本は変わりうるのかを次の章で長谷川先生と検討したいと思います。

第6章

日本人は変われるのか

グローバル化社会というニッチェ

長谷川　現代のグローバル社会はヒトがこれまで体験したことのないスケールの社会です。この現代社会で生き延びるには、ヒトが本来持っている社会的知性だけでは不十分なのは明らかですが、そこで「ヒトはこのグローバリゼーションを生き延びていけない」という結論に飛びつく、あるいは「やっぱり昔ながらの閉鎖的な社会のほうがいいんだ」という結論に飛びつくのはおかしいと思います。

山　岸　かつてのような閉鎖社会とグローバル社会を比較すれば、絶対的にグローバル社会のほうがいいというのが私の考えです。ムラ社会というニッチェを脱して、もっとオープンな社会、身内以外の人たちとも協力し合う社会を作り出した文明のあり方はけっして間違っていないと思うわけです。

長谷川　隣の人から箸の上げ下げまで監視されるような社会に、私は戻りたくはないですね。

山　岸　まったくです。でも、今の日本人は、「そもそも我々はグローバル化社会に向いてない」と決めつけてしまってはいないか。そこのところが心配なんです。

長谷川　脳の働きそのものは日本人だろうが、アメリカ人だろうが変わらないわけですから、アメリカ人やヨーロッパの人たちが適応している程度には日本人もグローバリゼーションに適応できるポテンシャルを持っているはずだし、実際、置かれている環境——進化的に言えば淘汰圧——は日本もアメリカも同じです。だから日本社会も現状に対応して変化して然《しか》るべきなのですが、最近は後ろ向きの論潮が強いように思います。
そこでちょっと気になっているのは日本人とアメリカ人のドーパミン遺伝子の違いなんです。

ドーパミンと好奇心

山　岸　ドーパミンについては私も注目しています。
ドーパミンというのは神経伝達物質と呼ばれるものの一種で、この神経伝達物質とは神経細胞同士の接合部（シナプス）でシグナルを伝えるために放出されるものです。神経伝達物質にはドーパミン以外にもセロトニン、ヒスタミンなどがあるのですが、中でもドーパミンは意欲や学習などの働きに大きな役割を担っていると言われています。

長谷川　人間の中には新しいもの、リスキーなもの、知らないことに挑戦することに喜びを感じるタイプの人がいます。そういう人たちは「新奇性追求」の気質を持っているとも言ったりするんですが、どうも新奇性追求はドーパミンと大きな相関関係を持っているようなんですね。
具体的に言うと、シナプスで放出されたドーパミンが働くにはそれを受け取る受容体がないといけないのですが、このドーパミン受容体のうち、「D４」と呼ばれる受容体がどうも新奇性追求と関係しているということも分かってきています。

さて、ここからが肝心なのですが、Ｄ４受容体の生産を制御する遺伝子（ＤＲＤ４遺伝子）は人によって長さが違う。ＤＲＤ４の中では決まった配列が何度か繰り返されているのですが、この繰り返しの数が多ければ多いほど、新奇性追求の傾向が強まると言われているのです。

山　岸　要するに同じようにドーパミンを分泌したとしても、そのセンサーがより働く人は新奇性追求の傾向になり、あまり働かない人だと保守的になるというわけです。

長谷川　その配列の繰り返しは多い人だと七回にもなるのですが、少ない人は二回しかない。もちろんＤＲＤ４遺伝子の繰り返しが多ければいいという単純な話ではありません。新奇性追求気質を持っている人はリスキーな選択をする可能性もそれだけ高いわけですから、かならずしも褒められたこととは言えません。

でも、今のような変化の激しい時代においては新奇性追求の傾向を持っている人のほうが、保守的な人よりもずっと生き残りの確率は高くなるのではないかという予想ができます。

ところが、このＤＲＤ４遺伝子の繰り返しが長い人は日本人にはあまりいない。そしてアメリカの白人には繰り返しが長い人が多いという傾向がある。

ジーン・カルチャー・コエボリューション

山　岸　これはいわゆる「ジーン・カルチャー・コエボリューション（遺伝子と文化の共進化）」と呼ばれる現象ですね。

長谷川　この本の中で何度も繰り返しているように、種としてのヒトは数十万年前から進化していないわけですが、個体単位で比較すればそこには一定の幅があります。

山　岸　血液型、肌や目の色などはその典型ですね。

長谷川　こうしたバリエーションのことを「遺伝子多型」と言うのですが、そのバリエーションの偏りが明らかに生活習慣などの文化と関係しているものがあるんです。

よく知られた例では農耕民と牧畜民では乳糖耐性に違いがあります。

山　岸　大人になってから牛乳を飲むとお腹を壊す人と壊さない人がいるという話ですね。

長谷川　牛乳に含まれている乳糖は授乳期、つまり赤ちゃんのころは消化・吸収できるのですが、大人になると消化酵素のラクターゼが小腸からだんだん分泌されなくなります。そのために牛乳を飲むと消化不良や下痢が起きてしまう。

これを「乳糖不耐症」と言うのですが、実は哺乳類にとって、ラクターゼが必要なのは授乳期だけなのでこれはむしろ当たり前の現象なのです。ところがヒトの場合、大人になってもラクターゼの分泌が減らない人がいる。その人たちの発生頻度を調べると牧畜生活をする（していた）文化圏と、農耕文化圏とでは明らかに違う。

山　岸　つまり、牛やヤギの乳を飲む文化の人たちは大人になっても乳糖不耐症になりにくいわけですね。

長谷川　こうした遺伝子多型に偏りが生じるのは、普通、何万年単位で起きる現象なのですが、人類が農耕生活をしはじめたのはせいぜい数千年ですから、この偏りは通常では考えられない。では、なぜ考えられないことが起きたかというと、それが「ジーン・カルチャー・コエボリューション」です。

山　岸　直訳すると「遺伝子と文化の共進化」で、つまり文化によって遺伝子の変化が加速されるというわけですね。

長谷川　牧畜民にとって牛やヤギ、ラクダなどの乳は重要な栄養源なので大人になってもラクターゼを分泌できるほうが有利です。だから乳糖不耐症の個体は淘汰されたんですね。

具体的にはある一つの遺伝子がそれに関わっているのですが、最近の研究によると、この突然変異はヨーロッパとアフリカで独立に起きたとされています。ヨーロッパの場合は牛のミルクで、アフリカの場合はラクダのミルク。これはたった一つの遺伝子が関与するだけなので、わずか数百世代くらいで地域全体に広まるんです。

なぜ日本人はリスク回避型になったのか

山　岸　そうしたジーン・カルチャー・コエボリューションが実は人間の新奇性追求にも関係し

ているというわけですね。

長谷川　そうそう、その話でしたね。

ドーパミン受容体のＤＲＤ４について、日本人とアメリカ人で繰り返し配列の数の分布が違うというのも、おそらく文化による淘汰圧が働いたのだろうと推測できます。

そもそもヨーロッパから大西洋を渡ってアメリカに行くこと自体、開拓の初期ではリスキーなことであったし、アメリカに移住してからも開拓者として生き残るにはチャレンジ精神の持ち主でなければ無理ですから、ＤＲＤ４遺伝子の繰り返しが長い人がアメリカに多いのは当然の結果と言えますよね。

山　岸　日本も戦国時代の動乱期には新奇性追求の資質を持った人たちのほうが生き残りやすかったはずなのですが、少なくとも今はそうではない。むしろ、そうしたリスキーな生き方を望む人たちは社会から敬遠されるから、子孫も残せない。だからＤＲＤ４遺伝子の繰り返しが長い人があまりいないということになるんでしょうね。

長谷川　アメリカにピルグリム・ファーザーズが渡った時期と、日本の戦国時代が終わったのはほぼ同時期で、今から四〇〇年くらい前。生物学的に見れば四〇〇年なんて一瞬ですが、そのくらいの時間で遺伝子の偏りが生まれるとすれば、これはやはりジーン・カルチャー・コエボリューションで説明するのが最も適切でしょうね。

山　岸　でも、そこでちょっと長谷川先生に質問があるのですが、そんな日本であっても、やはり社会の中で権力を握るのはリスクを恐れないタイプ、ＤＲＤ４遺伝子の繰り返しの長いタイプではないでしょうか。

長谷川　政治についてはリスク回避型で、集団内の調整役に徹するタイプがリーダーになる時代もあるでしょうが、少なくとも経済分野で成功するのはリスクを恐れない人でしょうね。また戦国時代や幕末維新期のような動乱の時代にはやはりリスクを恐れないタイプの人が政治でもリーダーになるはずです。

山　岸　そうした成功者たち、権力者たちは経済的に余裕があるわけですから、たくさんの子孫を残す人もいますよね。そういう家系が数世代でも続けば、ＤＲＤ４遺伝子の長いタイプが相当に増えるように思うんですよ。

チンギス・ハンの子孫たち

長谷川　二〇〇四年にオックスフォード大学の研究チームがモンゴルから中国にかけての地域で大規模にＤＮＡ解析を行なった結果、男性のおよそ八％、人口で言うとおよそ一三〇〇万人のＹ染色体に共通の遺伝子の並び（ハプロタイプ）があることが発見されました。そして、この遺伝子に突然変異が起きたのはいつごろなのかを推定したところ、今からだいたい一〇〇〇年前後ということが分かったんです。

Y染色体というのは男性しか持っていないものですから、この突然変異の出発点になったのも一人の男性ということになります。

山　岸　それがチンギス・ハンではないかというわけですね。

長谷川　もちろんこれは推測に過ぎないわけですが、状況証拠から考えると最も当てはまりそうなのは彼ですね。ちなみに、同種の研究はケンブリッジのサンガー研究所のカーシム・アユブ博士も発表していて、同じような結論に達しています。

山　岸　たしかにチンギス・ハンやその子孫は東は日本、西は東欧までを侵略したわけだし、チンギス・ハンは人類史上、最大規模の帝国を作ったんですから彼の遺伝子が世界中に広がっていても不思議ではない。

長谷川　はたしてチンギス・ハンにどれだけの子どもがいたのかは分かりませんが、記録として残されている中で、歴史上最も子孫を作ったのはモロッコ最後の皇帝で「血に飢えたイスマイル」という別名があるムーレイ・イスマイル（在位一六七二〜一七二七年）で、彼は八八八人もの子どもがいたそうですよ。

山　岸　それはすごい！

で、私は何が言いたいかというと、たとえジーン・カルチャー・コエボリューションでDRD4遺伝子の繰り返しが短い、つまりリスク回避型が多い社会であったとしても、その分布が急激に変わることもあるということなんですね。

長谷川　ありていに言えばリスクを恐れないタイプの男がモテる時代になれば、あっという間に世の中は変わる。そういうことなんだと思います。

なぜ日本人は和を尊ぶのか

山　岸　よく「日本人には和を重んじる心があるから、『出る杭《くい》は打たれる』のだ」と言う人がいますが、あれは違うと思うんです。

長谷川　逆に「アメリカ人は競争好きだから」という言い訳もありますよね。

山　岸　日本人が和を重んじるという傾向があるとすれば、それは和を重んじたほうが――もっと正確に言えば「和を重んじているふりをすれば」――メリットがある社会に暮らしているからであって、最初から「和を重んじる心」があるわけではない。

長谷川　一人だけ突出した行動をしたら他のメンバーから制裁や妨害が入ってかえって損をするから「いい子」にしているだけですよね。

山　岸　直接に誰かから制裁などを受けなくても、「あの人は……」と悪い評判を立てられる。流動性の低い社会だと悪評はものすごく応えるんです。だから目立たないようにするのが一番で、そうすると「あの人は協調性がある」と認めてもらえる。

長谷川　それでは社会全体が沈滞してしまいます。まさに今の日本ですね。

山　岸　「和を重んじる」というのは、本当は「仲間はずれにされないように心がけよう」ということでしかないんです。でも、自分の属している集団から離脱することができない社会では、そうしたほうがずっとメリットが大きい。集団内で「いい子」として振る舞ったほうがいい。

長谷川　それは今のグローバル化の流れとはまったく逆です。

山　岸　なのに今の日本では「思いやり」とか「気配り」とかを美徳とする言説がたいへんな力を持っています。

長谷川　意地悪く言うと、有能な人が日本から飛び出していくのを牽制している。

山　岸　グローバル化したら従来の日本社会の秩序が崩壊してしまうという危機感が根底にあるから、そうしたお説教をする必要があると思っているんでしょうね。

でも、それでは先ほど長谷川先生がおっしゃったように社会全体の効率が落ちてしまいます。積極的にリスクを取りに行く人がいなければ、みすみすチャンスを逃してしまうことになるからです。

交易が人々の生き方を変える

長谷川　この状況を変えるにはどうしたらいいと思われます？

山　岸　変えるというよりは、変わらざるをえない状況に直面していると言ったほうがいいでしょう。今のグローバリゼーションの時代、日本社会の中にとどまるよりも、チャンスを求めて移動したほうが有利であることは否定できない事実です。いくら「ありし日の日本」に戻そうとお説教をしたところで何の効果もない。

でも、こうした社会の変動は古今東西、数え切れないほど起きてきた現象です。自給自足でやってきた共同体が交易をするようになると、そこでの行動原理はあっという間に変わってしまいます。

長谷川　日本でも戦国時代のころになると海外に雄飛する人たちが増えましたし、国内でも下克上が珍しくなくなった。

農耕社会とは人々が土地に縛られる社会ですから、今自分がいるところから飛び出すことはとてもむずかしい。田畑は持って歩けませんから、外に飛び出たら食べていけません。それに加えて、権力者の側もそこから税（年貢）を徴収しないといけないので、土地を捨てる人がいれば厳罰に処すことになります。外に出ることが事実上不可能な社会では、日本に限らず、どこでもお互いの顔色をうかがって生きることが何よりも重要になってくるわけですね。

しかし、商業が発展していけば、交易によって外の社会ともつながることができるし、また、銭を稼げば村を捨てて、街に出て生活することもできます。

なぜマグレブ商人はジェノバ商人に敗れたか

山　岸　そこで補足しておけば、商業に携《たずさ》われればかならず移動可能な社会になるかというと、そうでもない。華僑などはその典型ですが、彼らは東アジア全域で商業活動をしているけれども、信用するのは自分の血族だけだったり、あるいは同郷の人間だけです。地理的にはボーダーレスに活躍しているが、実は社会の作り方は農村とそんなに変わらないんですね。

長谷川　でも、そうしたやり方だとやはり効率が悪いですよね。

山　岸　それについてはアブナー・グライフという歴史経済学者が「比較歴史制度分析」という手法を使って、中世の地中海貿易について興味深い研究をしています。

この時代の地中海貿易では最初、アフリカ大陸北部に暮らしていたマグレブ商人が主導権を握っていました。長距離貿易で重要なことは商品の送り手と受け取り手とが信頼関係を構築できるかにあります。

長谷川　代金を払っても肝心な商品が届かなか

なぜ北アフリカのムスリム商人たちはイタリア商人に敗れたのか（写真は20世紀半ばのアルジェリア）

ったりしても困るし、代金を踏み倒されても困ります。

山　岸　そこでマグレブ商人たちが選んだのは「身内しか信じない」というやり方でした。つまり、貿易港すべてに自分たちの仲間を配置して、仲間とだけやりとりをする。かりに、その仲間が裏切ったとしたらネットワークから追放してしまう。

長谷川　村八分というわけですね。たしかにそのやり方だと損失を被るリスクは回避できますね。

山　岸　固い結束を誇ったマグレブ商人は地中海貿易を制したかのように見えたのですが、しかし、後発のジェノバ商人によってその座を奪われてしまいます。

というのも、ジェノバ商人たちはマグレブ商人たちとは対照的に、オープンなネットワークを作ることに成功したからです。つまり、相手が身内でなくても積極的に取引をすることにした。マグレブ商人のように身内だけで結束して取引をしていたら、たしかにリスクは減るのですが、その分、チャンスを失うことにもなります。

長谷川　経済学で言うところの「機会費用」ですね。

山　岸　とは言っても、オープンなネットワークで誰とでも取引していたのでは代金を踏み倒されたりする可能性が出てくるわけですが、ここで重要なのはジェノバではこのオープンな取引を維持するための「制度」を作ったということです。つまり、取引における法を整備し、裁判所を設立して取引上の争いを決着し、もしも契約不履行が起きたら踏み倒されたカネを強制的に回収する仕組みも実現しました。

長谷川　それはジェノバ市――当時は都市国家だから、ジェノバの国にそういう制度を作ったということですね。

なぜローマや中国は帝国を作れたのか

山　岸　ジェノバは貿易商人たちによる商人の国家なんですね。だから、そういう制度を作り上げることができたんでしょう。もちろん、こうした法システムを運営するのにはコスト（税）もかかるのですが、しかしそれを上回る利益をジェノバにもたらしました。

これと同じようなアプローチで成功したのはローマ帝国です。「ギリシャは哲学を作ったが、ローマは法律を作った」とはよく言われますが、ローマ帝国が特に力を入れたのが民事訴訟法の整備です。

長谷川　商取引での争いを解決するための法体系というわけですね。

山　岸　ローマの市民権を持っている人たちのビジネスに保護を与えたわけですから、これによって域内の交易はさかんになりました。その結果、ローマの国力も上がっていった。もともとは小さな都市国家であったローマが帝国を作れたのはまさにローマ法のおかげだと言ってもいいでしょう。

長谷川　今のEUは域内での交易や人の移動を自由にするために作られたものですが、まさにそのお手本はローマ帝国にあったわけですね。

山　岸　それを別の言い方で表現するとローマ人や中世のジェノバ人たちは、それまでのニッチェから別のニッチェに移行することができたという話になるわけですね。つまり、放っておくと人は身内で固まってしまいがちで、普通はそこからトラップされて抜け出ることができない。でも、制度やルールを整備することで、そのニッチェから抜け出して別のニッチェ、数学的に言うならば別の均衡点に移動したというわけです。

日本的雇用という「神話」

山　岸　前の章でも述べましたが、戦後の日本社会は閉じたサークルの中で人々が動かないことを大前提に作られているだけでなく、それが倫理的に正しいことであり、集団から集団へ移籍するのは悪いこと、好ましくないことだとされています。

なぜ、そうした倫理が生まれたかというと、人々がそれに従って行動することが組織にとっても、個人にとってもメリットがあったからです。

長谷川　「正しい」と思われるためには、それがなにがしかの効用をもたらさないとなりませんものね。

山　岸　企業経営に関してはそれは終身雇用と年功序列という形で制度化されたのは今さら言う

までもありません。

会社は社員に対して、定年まで在籍を保障することで人材の流出を最小限に食い止めようとする。と同時に、人事は年功序列で行なうようにします。いわゆる実力本位で人材を抜擢していくと、「自分の評価が低い」という不満を持った社員が現われて転職したりするので入社年次などで機械的に人事を行なうことで、組織内の不満を最小化したわけです。

この結果、日本の企業は採用や教育にかかるコストを最小限にすることができたのですが、しかし、こうした制度が実際に機能していたのは戦後のごく一部の時期にすぎません。もっと具体的に言うと、いわゆる高度成長期の数十年だけですね。それ以前の日本には終身雇用も年功序列もありませんでしたし、高度成長期が終わってバブルが崩壊するとあっという間にこうしたシステムは崩壊してしまいました。

その直接の原因は私もその中に入る「団塊の世代」にあると思います。要するに私たちの世代は人数が多いので、給料を払い続けることがむずかしくなった。

長谷川　若いころは安い給料でこき使えても、年功序列ですから放っておいても賃金は高くなるし、退職金も払わなくてはなりませんから企業には負担になった。

山　岸　背に腹は代えられないというわけで、二〇世紀末あたりからどの企業でも成果主義の賃金体系を採用するようになりましたし、早期退職の勧奨もあちこちで行なわれるようになりました。これによって従業員の側も企業に対して忠誠を誓う必要を感じなくなったので、一気に労働市場が流動化したわけですね。

でもその結果はどうだったかというと……。

長谷川　さっきのローマやジェノバは制度や法を整えてから、人々が自由に移動したり取引できたりしましたが、日本はそうではありませんでしたね。単に垣根を下げただけで、あとは無策に近かった。それが今の経済の沈滞につながっているんでしょうね。

非正規雇用が増えると受験競争がなくなる？

山　岸　企業の重要な投資の一つは社員に対するそれです。つまり、社員に専門教育や技術教育を施していく。そうすれば将来、その投資に見合うリターンが期待できます。また、社員の側も恩義を感じ、会社に忠誠心を持つようになるという効用も期待できます。

しかし、それはあくまでもしかるべき将来まで社員がいてくれるのが前提です。安定した雇用が期待できなくなると、そうした投資をする意味がなくなる。投資をして社員の能力が上がっていけば、それだけその人物の価値が上がっていくので、他社に引き抜かれてしまう危険が増えます。終身雇用がなくなった結果、日本の企業は社員に対する投資を控えるようになった。投資すればするほど、社員が流出していくわけですから。

長谷川　その結果、正社員を減らして、いわゆる非正規雇用の働き手を増やすという流れになったわけですよね。

アメリカの企業はどうなんですか。もともと終身雇用ではないですよね。

山　岸　日本企業と比べたら、社員への投資は少ないですよ。その代わり、マーケットで能力のある人材を買ってくるんです。

長谷川　日本もそうなりつつあるんでしょうね。企業が大学に対して盛んに「即戦力」の人材を求めるようになったのは、入社後に人材を育てることをやめたからでしょう。

山　岸　それ自体は悪いことばかりではないと思うんです。というのも、企業が人材育成をしなくなると大学の受験競争がなくなるはずなんです。

長谷川　それは面白い指摘ですね。

山　岸　というのも、そもそも受験生たちが一部の学校に集中するのは「卒業校」というブランドを求めるからなんです。そして、それは企業が入社希望者たちを選抜するにあたって、学歴や卒業校によって統計的差別をするからに他なりません。

これまで日本企業は採用時に「何を学んだか」とか「何ができるか」で新入社員を選ばなかった。教育は入社後に行なえばいいと思っていたから在学時に何をしたかは見なかった。その代わりに学歴や卒業校に着目して選別を行なっていました。入社後の「伸びしろ」を知るには学歴だけを見ていればよかった。それを高校生も知っているから、大学時代に何をするかではなく、どこの大学に入るかだけを考える。それで受験競争が起きていたわけですね。

しかしそういう時代はもう過去のものになって、今や即戦力が必要になった。そうすると高校三年のときにどこの大学に合格できたかというデータは企業にとって何の意味もない。むしろ学歴などで選別せずに、どんどん入社させ、使い物にならないと分かればさっさとクビにしていたほうが効率がいいとも言えます。

こうなると雇われる側でもブランド大学に入ったからといって将来、いい企業に入れるわけではありません。それよりは大学に入ったあとが肝心で、自分のレピュテーション（評判、評価）を上げる努力をしないといけない。それには資格や技能を身につけることも含まれるだろうし、どこかの企業にインターンとして入って実績を積むことも含まれるでしょう。あるいは人脈を作るということも大事でしょう。

倫理で社会問題を捉えてはいけない

長谷川　そうなると就職の面接でも「何がしたいか」よりも「何ができるか」を問われるようになるでしょうね。

山　岸　学生の意識はかなり変わってきてはいるのでしょうが、実際の就職の現場ではまだそこまで成熟しているとは言えない。今は過渡期なのでしょう。

長谷川　未だに東大や京大の看板が通るんですかね。

山　岸　新卒採用ではまだ通ると思いますよ。新人の場合は、大したレピュテーションもないでしょうから大学の名前を参考にして選ぶほうが効率がいい。でも、今後も企業が新卒の学生を積極的に採用するかどうか。せっかく入社後に教育をしたところで、仕事を通じてレピュテーションを得た人材がそれを足がかりにして転職していくのでは、企業は新卒の学生を採ることに消極的になり、中途採用を積極的に行なうようになるでしょう。そうなると、新卒の学生はなかなか就職できない時代になるでしょうね。

長谷川　すでにそうした変化は至るところで起きていると思うのですが、それに気づいていない人のほうが圧倒的に多い気がします。

山　岸　変化を認識していても、それを倫理の問題として捉える人が多いことが問題だと思うんです。つまり、「こういう状況は間違っている。悪いのは競争社会である」という人たちが日本には多数いる。

それらの意見の根底にあるのは「人間はおたがいに助け合うのが正しい生き方である」という思い込みですね。それに対して「マーケットで評価されるような能力を身につけなさい」と言うと、とても打算的で、いやらしい生き方を推奨しているように思われるんですよね。

長谷川　つまり、他人を蹴飛ばせと言っているように聞こえるわけですね。

山　岸　実際にはそうではなくて、「助け合うのも大事だけど、それにはまず自分が何をできるかということを明らかにしないといけないし、レピュテーションを獲得するように努力しないとどこの集団にも受け容れられないですよ」と言っているにすぎない。それなのに利己主義のすすめだと思われてしまうんですよね。

長谷川　むしろ山岸先生は集団内での生き方をサジェスチョンしているのに、正反対に思われているんですね。

引きこもりは究極の他人依存である

山　岸　それで思い出したんだけれども、最近の日本社会では「引きこもり」の若者が多いということが問題になっていますが、これについて「個人主義が蔓延《まんえん》した結果、他人とのつながりを嫌う連中が増えたんだ」と思っている人がとても多いんですよね。

長谷川　ぜんぜん逆なのに！

山　岸　引きこもりというのは究極の他人依存ですよね。だって、自分からは社会に対して何も貢献はしないけれども、社会からのサポートは受けているというのが引きこもりのあり方です。

長谷川　外に出なくても生きていけるのは誰かがちゃんとサポートしてくれているからですよね。原野や山の奥では引きこもりはできません。あっという間に餓死してしまいます。

山　岸　つまり引きこもりをしている人たちは無条件に社会を信用しているわけで、ちっとも孤立していない。

でも、これは彼らだけでなく、今の日本社会全体の問題だと思うんです。

長谷川　さっきも話に出ましたが「思いやり」とか「気配り」が日本古来の美徳であるなどとする風潮にしても、自助努力よりも相互依存の関係のほうがいいと思う人がそれだけ増えているということだと思います。

山　岸　「競争社会は個人主義を蔓延させる」と批判している人たちは、本当の意味での競争社会も個人主義も分かっていないと思います。他者を押しのけて、踏みつけて生きていくのは個人主義ではないし、そういった人たちは競争社会の勝者にはなれないと思います。

というのも、たしかに経済活動において競争に勝つことは重要なのですが、それには他者との協力関係を結ばないといけない。どんなにユニークな個性や優れた能力を持っていたとしても、そのユニークさや能力を他人に伝え、提供していく努力をしないと競争に勝てません。

「その人らしさ」というのは、あくまでも他者との比較、他者からの評価があって成り立つもので、自分一人しかいない世界では「自分らしさ」というのは存在しませんよ。

でも多くの人は「個性的である」ということは、「利己的である」「非同調的である」ということとの同義語だと思っているんですね。

長谷川　ただ、その一方で日本の教育はずっと「個性が大事」とか「個性重視」というスローガンを掲げてきているわけですよね。それなのになぜ「みんな仲良く」という話になってしまうんでしょうか。

山　岸　それはやはり「仲良くする」ことは倫理上の要請だけど、個性的であることは倫理とは関係ない、利己的な問題だと思われているからでしょう。

長谷川　個性的であればこそ、他者や社会に貢献できるのですから利己主義とは違いますよね。

「コミュ障」恐怖はなぜ生まれたか

山　岸　もう一つ、私が今の日本について困ったと思っているのは、「みんなとうまくコミュニケーションできない人間は劣っている」という決めつけがあることです。ネット上では「コミュ障」なんていう言葉が侮蔑語として使われますよね。

長谷川　いや、それは日本だけでなくて世界的な傾向じゃないでしょうか。私は自分でSNSをやっていないから特にそう思うのかもしれませんが、最近はツイッターやフェイスブックでどれだけの「友人」を持っているかどうかが一つの評価になるらしいですね。数が多ければ多いほど、その人は幸福で満ち足りているが、友だちの数の少ない人は不幸であるという感じになっているらしいです。

山　岸　私もSNSはやっていないんですが、そもそも友だちが一〇〇〇人も二〇〇〇人もいるということ自体がおかしいですよね。そんなのは友だちとは言わないでしょう。

長谷川　ダンバー数は多くても二〇〇ですからね。

山　岸　知り合いの数を誇るという風潮が生まれたのは、一つには現代社会においては第三次産業が完全に主流になったことと関係があるでしょう。かつてのように第一次産業や第二次産業に労働人口の多くが分布していた時代には対人スキルは要求されませんでした。

長谷川　たしかにお米や野菜を作ったり、あるいは職人の仕事は口が達者である必要はありません。

山　岸　もちろん、お百姓さんや職人さんの中にも人付き合いが上手で、社交的な人もいるでしょうが、しかし、今のように第三次産業、つまりサービス業が主力の世の中になると、社交イコール仕事、人付き合いイコール仕事と言っても過言ではありません。

長谷川　だから対人スキルが高い、知り合いが多いというのは自慢になる。一昔前だったら、友だちが多いなんて自慢していたらむしろ軽蔑されましたよね。「男は黙ってサッポロビール」というコマーシャルもあったぐらいだし、高倉健さんのように無口な男があこがれでした。

山　岸　ここ数十年で「理想の人間像」のあり方が大きく変わったのは、ある種、当然のことではあるのですが、しかし、みんながみんな社交的に振る舞えるというわけではないですよね。今も昔も、人と

中世ヨーロッパの陶磁器職人。現代社会には付き合いが苦手なひとが生きられる場所がどんどん減っている

上手に付き合うのが苦手な人、口べたな人は社会の中に、かならず一定の割合でいると思うし、それはけっして少数派というわけでもないと思うんです。

口べたのどこが悪い

長谷川　進化環境の中では、せいぜい一〇〇人から二〇〇人という社会の中で生きていたのですから、社交的である必要はないですよね。みんな顔見知りだったわけだから口べたでもよかった。

山　岸　きっと昔はそういうタイプのほうが多かったんでしょう。で、未知の人ともストレスなく付き合えたりできるタイプのほうが少数派で、そういう人たちだけが商人になったのではないでしょうか。でも、言ってみれば今はみんな商人にならないといけない時代です。本当は一日中、黙々と農作業をやったり、手仕事をしているほうが気が楽だという人は少なくないはずなのに、そういう人たちの働く場所はどんどん減っています。そうしたところにも現代社会の問題点があると思うんです。

長谷川　本当は口べたで、社交が苦手なのに人付き合いをしなくてはいけないという話は、今の日本社会全体に当てはまる気もします。たしかにグローバリゼーションは世界史的な潮流ではあるのでしょうが、日本という国はそれなりに経済力もあるし、一億人も人口がいるので、別にグローバル化しなくてもそこそこ暮らしてはいけます。

大学の研究者の中にも、日本語しか論文を書いたことのない人はうじゃうじゃいます。同じ小国でも、オランダやノルウェーだと人口が数百万人しかいないから、母国語で論文を書いているだけではどうにもならない。でも、日本だとそれが可能になるし、実際にそうやって来られた部分もあるわけですね。

でも、これからはそうはいかないのも事実ですが、かといって全員が全員、英語を話さなきゃいけないというわけでもない。それもまた事実ですね。

山　岸　ついこの間までの日本人は日本語しか使えなくてもほとんど不便を感じませんでした。海外で評判になった本はすぐには読めなくても、待っていればそのうちに翻訳されるし、映画でも何でもそうですね。そういう意味では日本社会は日本語というニッチェにぴったり収まって、安定していた。

でも今はその均衡点にとどまっているのは許されなくなった。

長谷川　とどまっていると生き残れない環境になったし、元に戻ろうとしてもそれが困難な状況になった。

日本社会に起きている価値観の混乱

山　岸　しかし、別の均衡点を探すと言っても、どっちに動くべきかが分からない。そこで極端な議論――一方では「英語を母国語にしよう」という話も出ているし、もう一方では「日本人は日本人らしく」というスローガンも現われている。そういう混乱状況にあると思います。

まあ、いずれはグローバル化した世界に対応する均衡点が見つかるのでしょうが。

長谷川　終身雇用や年功序列が廃れてきたのは、目の前の変化に対応して企業が変えただけだから、まだ根本的な変化に向かっているとは思えないですよね。日本が全体として違う社会システムに進まなければいけないことを、ほとんどの人が自覚していない。

大学生や高校生の女の子たちが、未だに「いちばんの夢は専業主婦になること」なんて言っているのを聞くと「バカじゃないの？」と思ったりするんですけど、その彼女たちも内心では専業主婦でやっていけないことは分かっているんですよ。

山　岸　夫婦共稼ぎでないと、若いカップルはなかなか生活できない時代ですからね。

長谷川　それでも専業主婦への憧れを口にするのは、先にある明るい社会が見えないからだと思います。

今は混乱期で、男女共同参画のような話もかけ声ばかりでなかなか進まない。「女性も社会で頑張れ」と言われても、そのための制度が整備されているわけではないのですから、そんな話にうかうかと乗るわけにもいきません。実際、働いている先輩女性たちが、保育園を探すのにも大変な苦労をしている状況では、将来に希望は持てないというものです。そこで「専業主婦が夢」という話が出てくるのだろうと思います。この混乱期、過渡期が終わったあとに新たな均衡点が生まれて、女性が働きやすい社会が現われるはずだという期待が持てれば、考え方も変わってくるのでしょうが。

山　岸　残念ながら、そういう期待を持っている人は少数派でしょうね。むしろ、これからます ます搾取される時代になると感じているんじゃないでしょうか。

長谷川　ますます人々がバラバラになって、えげつない社会になるイメージですかね。

グローバリゼーションをなぜ恐れるのか

山　岸　現状の延長線上に未来があると考えてしまうわけですね。それは無理もないことではあるのですが、社会というのはさっきから話しているように均衡点を見つけるもので、その時には社会のあり方がガラッと変わってしまいます。

前に話したとおり、グローバリゼーションが進めば進むほど、差別はなくなっていく。少なくとも国籍や肌の色で差別をするような経営はできない。差別を続けていると損失が大きくなる時代になってくる。

ところが、日本では「それは困る」という見方が一般的なんですね。というのも、ボーダレスにして国境をなくしてしまうと、日本経済が空洞化してしまうのではないかという恐怖がある。でも、それはおかしな話ですよね。たしかに国境がなくなれば、海外に出て行く日本企業は増えていくでしょうが、それを埋めるように海外から日本に入ってくる企業も出てくるわけですから、一方的に流出していくわけではない。

長谷川　世界全体が平準化するという話ですからね。

山　岸　今は国境があるために、日本人よりも何倍も努力して、何倍も優秀な人材が途上国で安い給料で働かされている。その状況は差別そのものですよね。

長谷川　もちろんグローバリゼーションの中で本気で生きていこうとしたら、やはりかなり多くのことが変わると思うんですよ。今まで良しとしてきたことが良しではなくなるでしょう。

大学もそうですよね。文部科学省は「スーパーグローバル大学」という事業を創設して、トップ三〇校の留学生を三倍にするとか、日本人学生のほぼ全員が六カ月以上の海外留学をするといった目標を掲げていますが、これから五〇年かけてそういうことをやれば、かなり変わると思います。

現状では大学生の海外留学なんて、単に遊びに行くことにしかならないかもしれないけど、それだけの規模で本当にやれたら世の中は変わるんじゃないでしょうか。

臨界質量を超えたときに社会は動く

山　岸　どれだけ「コア」ができるかですよね。

進化プロセスの面白いところは、他に比べて格段に有利な形質を持つ個体が突然変異で現われたとしても、数が少ないと安定した環境の中に侵入できないんですね。つまり、その集団全体にその形質が広がらないまま、下手をすると消えてしまう。

ところが、そうした形質を持った個体が一定の数を超えたときに状況が変わってくる。

長谷川　クリティカル・マス、いわゆる臨界質量を超えないとダメ。突然変異はすべて個体単位で起こるので、どんなに有利な形質を持っていても、ほとんどの突然変異は消えちゃうんですよ。でもその形質を持った個体が繁殖することに成功して、クリティカル・マスになるまで広がるとそこで新しい種が生まれる。

山　岸　よく誤解されるんだけれども、民主主義の多数決原理とクリティカル・マスの原理は似て非なるものです。その集団の中で多数派を占めなくても、クリティカル・マスに達することがある。それはどういうことかというと、一定量を超えたことによって環境そのものが変わってくるということですね。

長谷川　それは組織の意思決定とかでも同じですね。少数のグループであっても彼らが組織全体のイニシアティブを握る状況は世の中でしょっちゅう起きています。

山　岸　ファッションの流行がその典型ですね。流行は多数決で決まるわけではなくて、ごく一部のファッション・リーダーと呼ばれる人たちによって作られる。世間からは突飛なデザインに思われていても、そうしたリーダー集団の中で流行《はや》ればあっという間に一般にまで普及してしまう。

長谷川　ある規模の集団が同じようなファッションをしはじめると、たとえそれが多数派でなくても、社会全体の趣味嗜好が変わっていくわけですね。

マンションのゴミ出しルールを徹底するには

山　岸　それは政治などでも同じことで、たとえば独裁政権下で反政府デモを行なうとする。そのときにかりに一〇〇〇人集まったとしても、政府の側から弾圧を受け、参加者のほとんど全員が逮捕されるでしょう。これでは、他の市民はこの反政府運動に参加しようとは思わない。

しかし、これが一度に一〇万人集まったらどうなるか。さすがにこれだけの数では全員を逮捕することはできない。もちろん一部の人たちは逮捕されたりするでしょうが、助かる可能性が出てくる。

長谷川　つまり、それが「環境が変わる」ということですね。

山　岸　「反政府運動をしても、捕まらないかもしれない」となれば、さらにたくさんの国民がデモに参加するかもしれない。

長谷川　数年前に起きたアラブ世界の「ジャスミン革命」もそうやって起きたわけでしょうね。

山　岸　全国民のうちで一〇万人という数は全体の中では少数派かもしれない。でも臨界質量を超えるとけっこう世の中の雰囲気が変わるんですよ。

長谷川　物質にも似たところがありますよね。そもそも宇宙は素粒子が均一に存在するだけでは、星も銀河もない。それどころか物質すらない。ところが、「ゆらぎ」によって素粒子の分布が乱れると、その素粒子が集まって原子というユニットが出来、そこから一気に宇宙が作られていき、星や銀河が生まれていく。それがビッグバンと言われています。

「臨界質量」を超えたとき、どんなに強固に見えた体制も崩れ去る（1989年11月、ベルリンの壁崩壊）

非正規雇用は本当に「問題」なのか

山岸　社会現象ということで言えば、明治維新によって日本人のライフスタイルがあっという間に西洋化したというのも同じですね。

たとえばちょんまげで暮らしていた日本人たちがあっという間にザンギリ頭になりましたが、これも最初にザンギリ頭にしたのは東京に暮らしていた、ごく一部の人たちだけで、当初は多くの人からは奇異の目で見られた。というよりは、ほとんどの人からは「西洋かぶれ」と思われていたはずですね。

ところがその人たちがコアになることで、ザンギリ頭は日本中にあっという間に広がっていきましたし、そうなると今度は「ちょんまげなんて時代遅れだ」とみんなが思うようになった。

長谷川　現代は明治維新と匹敵するような社会変動が起きています。今、日本人が「常識だ」と思っていることが数年後には「非常識」になってしまうだろうと私は思いますね。

たとえば、今の社会問題の一つに「非正規雇用」が数え上げられていますが、そもそも欧米のスタンダードからすると日本の「正規雇用」のほうが奇妙ですよね。

山　岸　「正規雇用」の定義はいろいろとあるのでしょうが、一般の日本人が考えている正規雇用とは要するに終身雇用、年功序列という制度で守られた正社員ということですよね。もちろん、欧米にそういう雇用形態がないわけではないが、そちらのほうが例外でしょう。

長谷川　だからあと数年したら、「非正規」が日本の労働市場でも標準《デフォルト》になるかもしれない。

山　岸　今の常識からすると、「一億総非正規社員」なんて、あってはならない社会でしょうが、しかし、非正規社員であることを前提にシステム構築をすればいいわけです。北欧のように、失業者には国が職業訓練を与えて、人材が足りない部門への転職を促すようにするなどの施策を採ればいいわけです。

そうして流動性を高めたほうが、それぞれの労働者は自分の能力や実績に見合った職業に就けるようになる。今のように流動性が低くて、いったん会社を辞めたら能力も実績もあるのになかなか就職できない状況を変えていくほうが本当は現実的です。今働いている企業での自分の評価が低ければ、転職したほうが幸せですよね。

新卒採用は「常識」なのか

長谷川　でも今は終身雇用のレールに乗れた人間がラッキーだと思われていますね。

山　岸　終身雇用や年功序列を「日本的雇用」と言ったりする人もいますが、前にも言ったとおり、こうした制度が定着したのは戦後になってからのことで、それまでの日本では転職はごく当たり前のことだった。戦時中のポスターを見ると「今は非常時だから、会社を勝手に辞めるな」「転職するな」と書いてある。つまり、それだけ転職は普通だった。

また新卒の学生を企業がこぞって採用するというのも、戦後のことですよね。むしろ、夏目漱石の『こころ』を読むと、大学を卒業したらすぐに就職するというわけでもなかったことが分かります。

長谷川　たしかに『こころ』の主人公は帝国大学を出たのに、ぶらぶらしていて就職するわけでもない。

山　岸　卒業したら何が何でも就職しないといけないという観念がなかったことが分かりますね。

もちろん当時と今とでは大学に進学する人の数がぜんぜん違うなど、差異を挙げていけばきりがないわけで、「漱石の時代と一緒にするな」と言われるかもしれない。でも、そもそも就職するためには大学を卒業しなければいけないという「常識」も、根拠があるわけではない。

長谷川　もっと言えば、会社に入る必要もないわけですよね。

山　岸　ところが「大学まで出たのに就職できないとは大問題だ」という話になる。つまり倫理的な問題であると捉えられるようになってしまう。

長谷川　「正規雇用」や「正社員」という言葉には、そうしたニュアンスが込められていると思います。

山　岸　そう、逆に非正規雇用という言葉には「あってはならないことである」というイメージがありますよね。

長谷川　経済の現実としてみれば、パフォーマンスや結果にかかわらず社員の座を保障されているという正社員のあり方のほうがむしろアブノーマルでもあるのだけれども、今の日本ではそう言う人はあまりいないですよね。むしろ、「アメリカの企業人はすぐに転職する。忠誠心やモラルがない」と批判される。

「六つの道徳」で語る危険性

山　岸　今の日本社会の困ったところは、すべてを道徳で語ろうとするところにあるんです。いったん道徳になってしまえば、それを批判することが許されない「空気」が醸成《じょうせい》されてしまう。

そうなると、システムを変えたほうがいいことが明確でも、それを言うとまるで悪人や裏切り者のように言われてしまう。

たとえば、この間の戦争の日本はそうでしたね。つまりアメリカや中国との戦争を「正義」であると宣言してしまったために、誰も戦争を合理的に遂行できなくなった。このままで行けば負けは当然のこと、日本中が戦場になるという状況になっても誰も「戦争を止めよう」とは言えずに、ずるずると戦争を続けてしまいました。

長谷川　人々に道徳を押しつけるのはとても危険なことですね。たとえば、今の日本で言うと「思いやりが大切」という話が絶対善になっています。

山　岸　思いやりはたしかに大事なんだけれども、それを経済活動の分野まで適用されるようになるとおかしくなります。つまり、他者を尊重することが最優先になれば、競争したり、人事評価したりすることは許されなくなります。でも、本当は健全な競争が行なわれることによって、むしろ男女差別や国籍差別が解消されることだってあります。

長谷川　それが山岸先生のおっしゃる「七つめの道徳律」、つまり平等ということだと思うんです。

山　岸　まさにそのとおりで、人はともすると進化環境の中で生まれた六つの道徳律だけで物事を考えようとする。古いニッチェの中ではそれでいいんですが、グローバリゼーションの時代にはそれではダメで、七つめの道徳律が大事になってくる。

長谷川　たしかに競争を否定した社会主義国のほうが実はひどい差別社会であったというのはよく知られた事実です。旧ソ連にしても、今の中国にしても強固な階級社会が作られています。

そういえば、私の知っている中国の留学生が「日本人はどうして自分の国の首相のことをあんなにボロクソに言うんでしょうか」と不思議がるのですね。「ダメだと思うから批判するのは当然じゃない」と言っても「だって、自分たちの国の指導者じゃないですか」と言うんですね。

私たち日本人からすると、たまたま選挙に勝ったから首相になれたようなもので、首相だからといって尊敬しないといけないというものではない。でも、中国だと政治のリーダーは人民が選んだのではなくて、強大な権力システムの中で決まって、上から降って来る形ですよね。だから、彼らは政治家は偉い人、立派な人だと思わされているんですね。

山　岸　もちろん競争を排除することによって、そういう社会は効率が悪くなって、統治コストがかかります。国力が続く間はそれができるでしょうが、経済が傾くとあっという間に国家が崩壊してしまいますよね。

長谷川　旧ソ連や東欧の社会主義国、最近で言うとエジプトやシリアなどですね。

山　岸　多くの日本人にとって見れば「対岸の火事」でしょうが、日本もそうならないとは限りません。私は真剣にそれを心配しているんです。

第7章

きずなや思いやりが日本人をダメにする

二種類あった相互協調性

山　岸　なぜ日本社会がなかなか変わらないのかという問題をさらに考察してみたいんですが、一般的には日本人は相互協調的で、アメリカ人のほうが独立的だと言われていますよね。

長谷川　そうではないんですか？

山　岸　そこが実は問題なんですが、まず指摘したいのは日本人を年代別に分析してみたら、実は年配者のほうがずっと独立的な考えをしていて、むしろ若い人のほうが相互協調的な考えをしているという結果になったことです。

長谷川　それは私自身の実感ともフィットする話ですね。このごろの若い子たちは私たちの若いころよりもずっと、とてもおとなしいというか、行儀がいいというか……でも、日本社会が相互協調的であるとするならば、その社会に長く生きている年長者のほうが若者よりも相互協調的になってなきゃいけませんね。ましてや今の若者たちはバブルが崩壊し、日本的雇用システムが機能しなくなった時代に育っているわけですからね。

山　岸　もし、今の私たちの世代などが昔から独立的であったとするならば、日本的雇用システムはもっと早くに崩壊していないといけないわけですから、一見するとこれは矛盾していますよね。

でも、そこでさらに「相互協調性って何だろう」とより細かく分析してみたらその理由が分かってきたんですね。

結論から言うと、一口に相互協調性と言っても、そこには大きく二つの種類があるんです。分かりやすい言葉で言うと、ポジティブな協調性とネガティブな協調性ですね。

普通、私たちが「相互に協調する」と言う場合、何かの問題について手に手を携え、協力して一緒に物事を解決するというイメージを思い浮かべますよね。

長谷川　問題解決には自分の利益追求はいったん棚上げしていこうというわけですから、独立性や利己主義的な生き方とは対照的なわけですよね。

山　岸　ええ、社会心理学で従来考えていた相互協調性というのは、まさにそうしたあり方を指していたわけですが、実はそうではないパターンもある。それは何かというと、集団内で利己的な人間だと思われないよう、波風を起こさないように行動するという相互協調性もあることが分かったんです。

長谷川　なるほど、集団の問題を解決するのではなく、集団内で問題を起こさないようにする。それがネガティブな相互協調というわけですか。でも、それって本当は相互協調でも何でもないですよね。

山　岸　いわゆる「空気を読む」人たちですね。でも、彼らの行動だけを見ていたら、ポジティブな協調性を持っている人たちと見分けがつかないんです。だからこれまでは見過ごされてきた。

長谷川　身近にいる「空気を読む」人たちの行動を思い出してみると、こう言ってはなんですが、たしかに外面《そとづら》はいいですよね。

「びくびく」する日本人

山　岸　で、単純に相互協調性だけを比較してみるとアメリカ人も日本人もそう大差はないんですね。

長谷川　それは前のボールペン選択実験と同じことでしょうか。つまり、日米で違いがあるように見えるのはデフォルト選択の差であって、条件を同じにしたらほぼ行動は同じになる。

山　岸　その点では日米では相互協調性の差はないんですよ。しかし、その相互協調性の「質」を調べてみたらはっきりとした差が見つかりました。

　つまり、ポジティブな協調性とネガティブな協調性の比率を見ると、日本人のほうはネガティブな協調性を示す人のほうが多い。一方、アメリカ人の場合はポジティブな協調性のほうが多い。

長谷川　つまり、ネガティブとポジティブを合計していたから文化差がないように見えるのだが、実はよく吟味すると文化差があるということですか。結論がさらに引っくり返った。これは重要な指摘ですね。

山　岸　ちなみに私たちはネガティブな協調性のことを「びくびく」と呼んでいます。

長谷川　人に嫌われないかどうかを絶えず気にしていて、自分からは行動に出ない。

山　岸　そうしたびくびくした態度と、他人と積極的に協調していこうという態度を一緒にしていていいのかということに今さらながら気がつかされました。

長谷川　「気がつかされました」と山岸先生は謙虚におっしゃっていますが、世界中の誰もこれまで気がつかなかったということですよね。これはすでに論文として発表なさっているんですか？

山　岸　おかげさまで「サイエンス」のエディターズ・チョイスに選ばれたりしています。

長谷川　読者のために補足するとアメリカの「サイエンス」は同じくイギリスの「ネイチャー」と並ぶ、世界でも特に権威のある学術雑誌です。そこで「注目の論文」として紹介されたわけですね。

二つの独立性

山　岸　で、この研究からさらに分かったのは、独立性もまた一種類ではないということでした。こっちは「ネガティブ・インディペンデンス」と「ポジティブ・インディペンデンス」の二つですね。

長谷川　協調性と同様に独立性にもポジティブとネガティブがある。

山　岸　他者からの自立を志向するやり方でも、そこには二通りがある。つまり、一方のネガティブ・インディペンデンスは「誰も私のことを構わないでくれ」という、他者との関わりに消極的なタイプで、もう一方のポジティブ・インディペンデンスのほうは積極的に他者とは関わっていくのだけれども、自己主張をすることに躊躇をしないというタイプですね。

長谷川　付和雷同はしないのがポジティブ・インディペンデンスというわけですね。

山　岸　でも、実際にはネガティブ・インディペンデンスはなかなか達成できない。引きこもりの話でも分かるように、人間は社会なくして生命を維持できないのですから当然です。

長谷川　インディペンデントであるため、自分の独立を守るためには他者の協力が必要であるということですね。

山　岸　別の言い方をすると、相手の主張や反応も予測したうえで自己主張をしないと衝突や摩擦の連続になってしまいますから、独立を維持するためには積極的に他者とコミュニケーションをしないといけない。

長谷川　独立独歩で生きるには他者との関わりを避けてはいられない。たしかに研究などもそういう側面がありますね。

なぜ若者はびくびくするのか

山　岸　これに注目して日米の比較をやってみたところ、引きこもりやニヒリズムに近いネガティブのタイプはほとんど差がないことが分かりました。

長谷川　どこの国にも「人嫌い」はいるということですかね。

山　岸　それに対して、独立のためには他者との関わりをいとわない「ポジティブ」はアメリカのほうがやはり多かった。

長谷川　そのことはネガティブな協調性タイプが日本に多く、ポジティブな協調性タイプがアメリカに多いということの裏返しでもありますね。

山　岸　たしかに、協調性と独立性はコインの両面ということになるでしょうね。「びくびく」の人たちは他者との摩擦を恐れるがゆえに自己主張をしない。いっぽう、ネガティブの人たちは自己主張はしたいが、他者との摩擦は避けたいので人と関わりたくない。どっちも他者との距離の置き方は同じなんですね。

長谷川　先ほど、「日本人の中でも若者のほうが協調性が高くなる」とおっしゃっていましたが、それはやはり「びくびく」タイプが上の世代よりも多いということなんでしょうかね。

山　岸　おっしゃるとおりです。

長谷川　やっぱり。私も大学でそれは日々感じますよ。学生と一緒にいても、私がいちばん自己主張していますからね。

山　岸　それは年齢のせいじゃなくて、長谷川先生はもともとそうでしょう（笑）。

長谷川　いやいや（笑）。でも学生たちは、本当にみんなびくびく系ですよ。たとえば私が政府の審議会で「こんなのは大間違いだ」と発言した話を聞かせると、「先生、そんなこと言っていいんですか」と真顔で心配してくれるわけですよ。でも、こっちとしては「間違いは間違いとしてはっきり主張するのが委員の仕事だ」と思っているわけですから、「いったい何を怖がっているんだ」という話なんです。でも、彼らは波風を起こすこと自体がゆゆしき事態だと思っているようです。

山　岸　たぶん日本のほうが個人が生きていくにはリスキーな社会なんですよ。

長谷川　日本は美しい、和の国だと思われているようですけれども違いますよね。

「いい子」であることを強制される日本社会

山　岸　アメリカだったらかりに自分の主張が受け容れられないとしても、最悪でも他の組織やグループに移動すれば済むわけですが、日本ではそうは行きませんよね。いったん追い出されたら、なかなか再参入のチャンスがない。だから、なるべく周囲に嫌われないようにするのが得策で、だから自己主張はしないんだと思います。

長谷川　あるとき、学生に「どうしてあなたたちはそんなに教室でびくびくしてるの」と聞いたことがあるんです。学生なんだから教師よりもモノを知らないのは当然なんだから、分からないことがあればどんどん聞けばいいし、納得できないと思ったら食い下がればいいと思うのですが、ちっともそういうことをしない。とてもお行儀がいい。

するとかなりの数の学生が「高校のときからそうだった」と答えるんですね。というのも、内申書に響くから先生の前では「いい子」にしていないといけないし、教室の中で少しでも浮いた存在になるといじめられるから、自己主張はなるべくしないほうがいい。そういう振る舞い方を高校で学んだと言うんですよね。

山　岸　今は推薦入学やＡＯ入試が増えていますから、以前よりも内申書の重要性が高まっています。だから、ますます高校の先生の評価を気にしないといけないのかもしれませんね。これが単純に試験の点数だけで決まるのだったら、教師がどう思おうと関係ない。

長谷川　推薦やＡＯを増やしたのはそもそも大学受験の負荷を下げようという目的だったのでしょうが、かえって逆の結果を生み出していますね。大学入試に限らず、社会全体が若者を「びくびく」にしていく方向に向かっている。

仲良くすることは正しいのか

長谷川　たとえば、「仲良くすることは大事なことだ」という話を否定はしませんが、しかし、その「仲良く」の中身が重要ですよね。若い人に限ったことではないですが、摩擦が起きないことが重要だというモラルになっている気がしますね。

山　岸　今は「人の心が分からない」とか「思いやりの気持ちがない」ことがバッシングの対象になりますが、あれもネガティブな結果を生むと思います。

というのも、そこで求められているのは思いやりそのものではなくて、あたかも思いやりがあるかのような言動であるからです。つねにそうした行動を心がけ、少しでも自己本位の行動や発言をすると、その人間は道徳心がないと批判される。

長谷川　行動の選択肢が狭められていますね。

山　岸　その結果、社会全体の活力さえ失われていると思うんです。

たしかに他人に共感する力があるからこそ人間は社会を作れたし、文明も作り出せた。しかし、そこで言う「社会」というのは、しょせん進化環境における社会で、つまりサバンナ生活時代の社会で、内側と外側をはっきりと区別する社会です。

長谷川　言ってみれば村社会での行動原理ですよね。今の社会ではない。

山　岸　さらに、どんな時代であってもクリエイティブなことをする人、革新をもたらす人というのは基本的に「空気を読まない人」ですよね。また、ビジネスということで言えば、思いやりを発揮してもかならずしも成果につながるわけではない。むしろ、会社の中で空気を読んで、他者に思いやりを示すことに追われているようでは仕事になりませんよね。

長谷川　大学の教授会でも同じですよ。学者の本分は論文を書いて、クリエイティブな仕事をすることにあるのに、学校の中でどうやって摩擦を減らそうか、仲良くやろうかと考えている人があまりにも多すぎますよ。

「思いやりが大切」の落とし穴

山　岸　さらに言うと、共感する力、思いやる力が社会を作ったわけですが、その社会の中で生きている人はかならずしも心が穏やかであるとは限らない。たとえば、アフリカの社会を研究した論文によれば、ひじょうに密接な人間関係の中で生きている部族社会の人々は「最大の敵は自分の友だちだ」と思っているのだと報告されています。

長谷川　それは日本でも同じですよね。何かをしようと思ったときに、最初に足を引っ張るのは身内だったというのはけっして珍しくない。

山　岸　近しければ近しいほど、どのようにして足を引っ張れば効果的なのかということも分かっているわけですよね。思いやりの大切さを強調する人たちは、その足を引っ張る部分を見ていないような気がするんです。

長谷川　そうした足を引っ張る人たちを「友だち」だと思っているんですよね。

山　岸　そう、結局、「友だち」の定義が違うんだと思います。単に毎日顔をつきあわせたり、同じ組織にいるから自動的に友だちになるのではなくて、その中でお互いに協力関係を作っていける人が本来は友だちなんだと思いますね。

長谷川　英語のフレンドという言葉には「味方」という意味がありますよね。フレンドの反対語はエネミー、つまり敵。でも、日本語だと友だちの反対語は他人。友だちの意味がまったく日米では違いますね。

山　岸　そうしたことは日本でも高度成長期あたりまでは常識だったと思うんです。

長谷川　むしろ、あのころはそういう重苦しい共同体のあり方から脱却しようという時代ですから、「思いやりが大事」なんて言ったら反発があったはずですよ。

山　岸　その感覚が薄れてきて、思いやりがモラルになってきた。ちゃんと調べたわけではないですが、そのターニングポイントは八〇年代あたりにあったように思います。

長谷川　経済大国になったころですね。そのころから方向性が逆向きになったんでしょうかね。

たとえばタクシーの運転手さんに求められる第一の条件は運転のスキルだと思うんですが、車内に貼ってある募集広告を見ると「心で運転できる人、求む」なんて書いてあって、ゾッとします。心遣いよりも、とにかく事故が起きないように運転してほしい。

それをフランスの友人に話したら、やっぱり驚いていましたね。フランスでは――というよりは世界中でしょうが――、プロのドライバーに求められるのは瞬時の判断力、対応力で、それを徹底的に鍛えるのだそうです。そうでない運転手は事故を起こしますからね。

でも今の日本ではそうしたスキルよりも、まずは心が大事という感じになっていますね。

プレディクタブルになろう

山　岸　それではどうやったら「びくびく」せずに友だちを作れるようになるのか――私はその答えは「プレディクタブルになる」ことだと考えています。

長谷川　プレディクタブル、つまり予測可能な人間になる、という意味ですか。

山　岸　「思いやりを持ちなさい」というお説教がなぜ良くないかというと、しょせん相手の心は見えないからなんです。見えない心を読み取って、相手のために行動しなさいなんて言われても、そんなことは不可能ですよ。

長谷川　もちろん人間は進化のプロセスの中で、相手の立場になって想像する能力は持ったわけですが、それはあくまでも想像でしかないし、また、それがある程度有効に働くのは、小さな集団の中で生きている場合だけのことですよね。

山　岸　小さな、閉鎖的な村の中で暮らしている分には「思いやり」は可能かもしれません。一年三六五日、顔をつきあわせて生きていれば、だいたい相手の考えていることは想像もできるでしょう。でも、これだけ流動性が高く、規模も大きな社会では適切に相手の気持ちを忖度するなんて無理ですよね。

長谷川　だから、みんなびくびくしちゃうんでしょうね。相手の気持ちをはたして自分が正しく読み取っているのか分からない。でも、相手の心を読める人間にならないといけないというプレッシャーがある。

山　岸　相手の心は分からない。でも、自分自身が「分かりやすい人」になるのは可能だと思うんです。

長谷川　それがプレディクタブルになるということですね。

山　岸　自分の価値観や考えていることを旗幟《きし》鮮明にし、首尾一貫した行動規範に基づいて行動する人間になる。そうすることによって信頼される存在になる――それが「味方＝友」を増やす最良の方法だと私は思います。

長谷川　つまりそれは他人と自分との違いを明確にするということですよね。それとは反対に「私はあなたと同じ考えですよ、どこまでも賛成しますよ」という人がいたら、そんな人はビジネスでも学問でも必要とされません。

山　岸　そういう人と共同作業をしたところで、何も新しい成果は生まれないわけですからね。

長谷川　プレディクタブルな存在であるというのは、言い換えれば個性的であれということだし、多様性を歓迎せよということになると思うんですが、これくらい今の日本に欠けているものはない。

大英帝国を支えたジェントルマン

山　岸　「プレディクタブルな人間」と言うとき、私が念頭に思い浮かべているのはかつての大英帝国時代の植民地官僚たちなんですよ。

長谷川　インド帝国の統治のために派遣されたエリートたちですか？

山　岸　一九世紀、イギリスが最も発展したときにそれを支えたのは植民地官僚たちです。彼らは子ども時代にはパブリックスクールに通い、成人してオックスフォードやケンブリッジで学んだ人々で、エリートではあるけれども、貴族ではない。

長谷川　いわゆる中産階級の出身ですね。

山　岸　そう。当時のイギリスはそれこそ「日の沈まぬ帝国」になったわけだけれども、もちろん当時はまだ通信手段がさほど発達していません。インドやシンガポールなどに派遣された官僚たちは、本国とやりとりをしたくてもせいぜい電報くらいしかなかったことでしょう。

長谷川　ということは、何か問題が起きても現場で処理せざるをえませんね。

山　岸　まさにおっしゃるとおりなんですが、大英帝国の場合、それできちんと広大な領土を支配できていた。

長谷川　戦前の日本の関東軍みたいに、本国政府を無視して暴走することがなかったわけですか。

山　岸　もちろんそういう例もあったかもしれません。でも、それで国を誤るというようなことは起きなかったから大英帝国は存続できたのでしょう。

長谷川　本国から離れた場所にいる官僚たちに全幅の信頼を置けた理由は彼らがプレディクタブルであったから？

山　岸　プレディクタブルであるということは、さっきも触れたように言行一致で、自分の原則を曲げないということです。これはおそらくパブリックスクールの教育で培《つちか》われたものだと思うのですが、そういう「言行一致」の人材であれば遠くの任地に送り出しても心配は要らない。

長谷川　本国のお偉いさんが見ていなくても、気を緩めたり、勝手なことをやったりしない。

山　岸　それに加えて、いちいち本国に指示を仰いだりしないで、自分の頭で考えて決断できる。

タイタニック号の救命ボート

長谷川　そう言えばこんなジョークを聞いたことがあります。
タイタニック号が氷山にぶつかって沈没しかかっている。みんなを乗せるだけの救命ボートがないので、船員は男性客に向かって「ボートを女性や子どもたちに譲ってください」と説得するのですが、その際に船員が言った決めぜりふはこうでした――。

アメリカ人に対しては「ご安心ください、ちゃんと保険がおりますので」。

イギリス人には「あなたはジェントルマンですよね」。

ドイツ人には「これが決まりですので」。

そして日本人には「みなさん、そうしていらっしゃいますので」。

山　岸　よくできたジョークですね。ジェントルマンとは、プレディクタブルな人間という意味だと捉えることもできそうです。
そういえば無人島に漂着したとき、各国の人間がどのように行動するかといったジョークのオチが「そして日本人は本国にファックスを送って指示を仰いだ」というやつを聞いたことがありますよ。

長谷川　アメリカ人みたいにやたらに冒険主義になられても困りますが、何事も「指示待ち」の日本人はもっと困りますね。でも、どうやってイギリス人はそのプレディクタブルさ――言い換えるとそれはジェントルマンシップになるのでしょうが――を身につけたのでしょう。

山　岸　あいにく私はそこまでの知識を持ち合わせてはいないのですが、ある人によればジェントルマン教育の一環として行なわれるラグビーもプレディクタブルさが必要不可欠なスポーツらしいです。

長谷川　それは興味深い。どういうことですか。

山　岸　受け売りなのですが、ラグビーは他の団体競技と違って、試合中にコーチや監督が指示を出さないと。監督はいるのだけれども、試合の際にはスタンドで観戦するだけなのだそうです。つまり、練習には監督は口を出すが、本番は選手の自主的な判断にすべてゆだねる——それがラグビーの醍醐味なのだそうです。

長谷川　言われてみたら日本人の好きな野球はいつも監督から選手がいちいち指示を受けていますよね。ラグビーとは正反対。

山　岸　まあ、それがどこまで正鵠《せいこく》を得たものなのかは分かりませんが、ジェントルマンたるもの、ラグビーを嗜《たしな》むべしという共通認識があるというのは本当らしいですね。

多様性とは「違うこと」に耐えること

長谷川　はたして日本の教育がどれだけプレディクタブルな人間を育てられているかというと、これは壊滅的ですね。

山　岸　ショウ・ザ・フラッグ、つまり自分の旗を掲げて行動するという生き方と最も遠いところにあるのが「空気を読む」です。

長谷川　なるべく旗色を明らかにしないのが空気を読むということですものね。自分たちは空気を読む生き方をしていながら、大人たちは若者に「個性が大事」「多様性の時代だ」「共生社会だ」とお説教をする。

山　岸　そういう人たちの考える「多様性」とか「共生」というのは、結局のところ「みんなで仲良く」という、思いやりの世界なんですよ。そうした世界では言行一致などは必要ではないし、自分の頭で考えることも求められていない。「思いやり」を最優先にしたら多様性も共生もありませんよ。

　多様性とは要するに「世界観や思想が違う相手であっても尊重する」ということでしょう。そして、そうした多様性の世界に自分自身も参加するならば、まずは自分の世界観や原則を明確にしないといけないし、それに基づいた行動をふだんからしないといけません。

長谷川　今の日本の「思いやり」って、要するに議論や衝突をできるかぎり回避しましょうということなんでしょうが、それって簡単に言えば「あなたには興味がありません」ということでもある。「みんな違ってみんないい」という言葉が最近、流行っているようだけれども、みんな違うっていうのは本当は大変なことであって、簡単に「いいね」とは言ってほしくない。

なぜイギリスではエリート予備軍が学生時代にラグビーをやるのか。それには理由があった

山　岸　みんなが違うというのは事実ですが、その違いを乗り越えて一つの社会を維持していこうというのは大変な努力が必要です。相手を傷つけることを恐れていたら議論だってできません。

長谷川　今の若い子たちが何も言わないのは、それなんじゃないかな。傷つけたくないし、傷つきたくもないし、傷つけられたと思われたくもない。だから何もはっきりしたことを言わないんですよ。

山　岸　そういう関係性からは多様性のある社会を作り出すことはやはり無理ですよ。多様性を重んじるなら、思いやりやきずななどといったものはとりあえず諦めなくてはいけません。おたがいに違っていて、分かり合えないのだというところからスタートしないと多様性のある社会は永遠に出来てこないと思います。

もちろん、だからといって相互理解への努力が不要だというわけではありません。自分とは違う相手が、どのような論理や価値観に基づいて行動しているかを把握することは重要です。

長谷川　今は「寄り添う」なんて気持ちの悪い言葉が流行っていますが、そんな必要はどこにもないですよね。「あなたと私は違う」というところからスタートするのが本当の理解ですよ。

山　岸　それは私のやっている研究でも同じことで、たとえば経済学者を相手に話していると、いったい彼らが何をやりたいのか、何が面白いと思っているのか分からなくて呆然とすることがしばしばあります。でも、そこで「共感できないから理解する意味はないのだ」と決めつけては多様性は担保できません。かといって「まあ、ケチをつけるのも何だから、とりあえず黙って聞いておこう」と思いやりを発揮するのも生産的ではありませんよね。「分からない」ということを乗り越えてちゃんとコミュニケーションをし、議論を深めるには、彼らの背景にある一貫した世界観や論理体系を理解して、その立場からは世の中が自分とは違って見えることを知る必要があります。

大変なことなんですよ、多様性を認めるというのは。思いやりの心を持てば済むような簡単な話ではありません。

「心の教育」よりも「思考力のトレーニング」を

長谷川　多様性の問題は、移民の話にも結びつきますよね。異なる習慣、宗教を持っている人たちと一緒にどのように社会を作っていくかというのが移民問題の根本です。移民を自分たちの文化に同化させればいいのだという単純な話ではありません。かといって、移民たちに「寄り添う」なんていうことも、おためごかしです。そこのところで、おたがい、どのように折り合いをつけていくのかと、ヨーロッパの人々はずっと悩みつつも進んでいるのだと思います。

山　岸　去年（二〇一五年）からのシリア難民についても、ヨーロッパの人々はできるかぎり難民を受け容れようと努力してきましたよね。受け容れにはもちろん限界はあるわけでしょうが、とりあえず排斥はしないと決めた。

長谷川　日本ではこのごろ少子化対策として外国人労働者を積極的に受け容れようという話が出てきていますが、はたしてこうした問題をどれだけ真面目に考えているのか。彼らを我々の社会の一員として迎え入れるだけの心構えが本当にできているのかと疑ってしまいます。

山　岸　思いやりとおもてなしの精神でどうにかなると思っているんでしょうか。

長谷川　それでなんとかなるのは相手が「お客さん」であるかぎりの話ですね。一緒に仕事をしていこう、仕事をしてもらおうというときにはそれは通用しません。

たとえばフランスはムスリム女性のヒジャブ（ベール）は「宗教的シンボル」ということで公共の場での着用を禁止していますが、これに対してはムスリムから大変な批判が寄せられたし、フランスの中でも議論百出しています。フランスの政教分離の原則からすると、いっさいの宗教色は公的な空間から排除するのが民主主義であるということになるんですが、それは一方で憲法が保障する信仰の自由を侵すことにもなりかねない。ヒジャブ一つを取ってみても、「正解」のない中で地道に妥協点を求めていくしかありません。

山　岸　そういう複雑な議論に耐えられるだけの思考力を持つには、教育がとても重要になってくると思います。

長谷川　なのに、今の日本は思考力を高めることを目指さずに、「正しい心を育てましょう」みたいなことばかり言っている。何が「正しい」のか分からないから、必死に思考しなきゃいけないのに。多様性の問題は、移民だけではありませんからね。たとえば妊婦や身体障害者も多様に働ける社会にしようとするなら、働き方に関する概念を根本的に変えないとダメですよ。思いやりで片づくような話ではありません。

終身雇用は「人間的」か？

山　岸　先ほどの話に戻すと、びくびくして自己主張しない若者も、多様な選択肢があれば周囲の目を気にせずに済むと思うんですよ。逃げ道があれば、好きなことができる。たとえば私なんか日本でけっこう勝手なことをやってきましたけど、それも「いざとなったらアメリカに戻ればいいや」と思ってたからですよ。でも、ふつうはレールから外れたときのリスクが大きい。

長谷川　それは以前よりも大きくなっているように感じますよね。大企業の正社員になれたとしても、何かの拍子に外れると負のサイクルに落ち込んで絶対に戻れないようなところがあります。

山　岸　そのリスクに目が行くので日本人は、終身雇用だけが雇用の安定だと思い込んじゃう。その結果、ますます誰もが正社員を目指すので、いつまで経っても再就職、再参入が容易になる環境が生まれてこないという悪循環が起きています。

長谷川　でも財界の偉い人たちは「入退場が自由な社会になると、組織に対する忠誠心がなくなる」と言う。

山　岸　それはそれで間違いではないのですが、でも、経営者にとって大事なのは忠誠心よりも、どれだけ会社に貢献してくれるかということのはずですよね。

長谷川　でも、そういう経営者たちは「美しく、素直な心（忠誠心）を持っていないと物事はうまく進まない」と思っているのではないでしょうか。それは山岸先生のおっしゃる「心でっかち」ですよ。

山　岸　彼らの頭の中にあるのは、江戸時代の武士道のイメージなのかもしれませんね。

長谷川　殿様は家臣を家族のように大事にし、子々孫々まで禄を与える。これに対して家臣たちは命を懸けて殿様に仕える——そういう世界ですね。

山　岸　江戸時代の武士はよほどの不始末がないかぎり、子々孫々まで役職や家禄は保障されていました。これなどは終身雇用よりもずっと安定した雇用ですよね。

でも、そうした制度がはたして「人間的」なのかというと疑問ですよ。だって、そういう社会では職を追われたり、禄を剝奪されればそれで一巻の終わり。また組織にとってみても、硬直した人事システムでは環境の変化に対応できなくなってしまいます。

とはいえ、企業が成果次第で社員を評価したり、クビにしたりできるようにすればそれで解決するとは言いません。

長谷川　市場原理主義の人たちはそう言いますけれどもね。

山　岸　やっぱりそこで大事なのは社会全体のシステムを構築するということですよ。つまり、環境が変わったために企業が雇用を継続できずに、社員をクビにする事態が起きるのであれば、そうしてリストラされた人たちに対して社会が所得保障をするとか、別の職種に転職できるように職業教育を施すとか、もちろん再就職の斡旋を行なうことも必須でしょう。「あとは労働市場の『見えざる手』が解決するのだ」というようなわけにはいきません。

長谷川　これまでのいわゆる「日本的雇用」はやはり一種の均衡点であったわけで、そこから別の均衡点へシフトするには企業の改革だけではとても無理ですよね。

山　岸　とはいえ、社会全体でそれに取り組んでも、やはり移行期の当初はいろんな問題が起きるでしょう。「労働マーケットを流動化させれば生きやすくなると言っていたのに、やってみたら大変なことになったじゃないか」という声がきっと出てくる。しかし、そこで変わることができなければ日本の将来はきわめて暗いものになると思うんです。

「原理」を持った人のみが信頼を勝ち得る

長谷川　世の中のあり方を変えるには、学校教育の変革も重要になってくると思いますね。それは単に学力の向上とか、英語を学ぶというレベルのことではなくて社会の作り方から教えていくということが大事だと思うのです。たとえば同年代の子どもだけで教室を作ることをやめるということから始めてもいい。

山　岸　一人前の人間に育てるには、子どもに何を与えるか、子どもに何が必要かという考察が不足しているように思います。
　集団の中にありながらも、集団に束縛されずに機会を自由に追求していくには、まず自分なりの「行動原理」を確立することが大事だと思うんです。それはなぜかというと、行動原理なり、価値観なりを持っていなくて場当たり的に行動しているのでは、他者から見たらその人はプレディクタブル（予測可能）ではないわけで、それでは他者との関係性は構築できない。
　本来、教育の役割というのはそれぞれの人間にコアを持たせることなんだろうと思いますね。それは宗教であってもいいし、哲学であってもいいし、美意識であってもいい。あるいは合理性に基づいて利益を追求するという生き方でもいい。どんな原理であっても、要は他人から見て、その人の行動に一貫性を感じられるかどうかが信頼や評判を築くうえで鍵になってくる。

長谷川　「みんな仲良くしましょう」が教育指針にならないのは、それではコアが作り出せないからです。それは相手に合わせて、その場の空気に合わせて生きていくことでしかないので、そこからはプレディクタブルな人間は作り出せない。

山　岸　それが何であれ、原理に従って一貫した行動を採る人は周囲から信頼される――というのは、どこの社会でも通用することだと思います。もちろん、日本の社会でもそれは同じはずです。
　ただ、日本の場合、原理主義的に行動している人に対しては「融通が利《き》かない」などという批判が起きたりするし、逆に一定の原理は持っていても、状況によってはそれにこだわらないで問題を解決する人を「あの人は大人だ」と言ったりする。

原理を貫くことで集団内に起きる摩擦が大きくなりすぎないようにするためには、それもある種の「知恵」ではあるのでしょう。でも、原理原則よりもその場の空気を優先するような社会では、たとえば差別なんて解消できませんよ。「差別は許してはいけない」という原理を掲げていても、「場合によっては差別はいい」ということになってしまいますからね。

長谷川　その集団の中に生きている人たちは「空気」が分かっているからそれで納得するかもしれないですが、外から見たらやっぱり「差別を容認する社会」ということになりますよね。

山　岸　学校で教えるべき、もう一つは自分の内面を外に出すことですね。当たり前のように聞こえるかもしれないけれど、その当たり前のことが日本では当たり前でないし、学校でもその重要性を教えていない気がします。

充実した人生のために

長谷川　今の学校教育では、そうやって自己主張する子どもをむしろ問題児に扱いそうな気がしますね。教師にとってはそういう子どもを相手にするのは面倒で、手間がかかるというのもあるでしょうし、また、自己主張する子がいることで同級生との間に摩擦が起きることは避けたいという思いもあるでしょう。もし、そういう手間や摩擦を回避するために、「みんな仲良く」というモラルを教え込んでいるのだとしたら問題ですね。

山　岸　今までの日本の社会ならば「みんな仲良し」でもある程度はうまく生きられたかもしれませんん。内集団のメンバーとして認められて、そこで一定の役割をこなしていれば暮らしていけたわけですからね。

でも、これからは「みんな仲良し」という場当たり的なポリシーでは生き延びていくのはむずかしい。

さっきも言いましたが、そこで「私はとにかくカネなんだ」という拝金主義を選ぶのも、それはそれで「あり」だと思います。優柔不断で、コアがしっかりしていない人の相手をするよりも、そっちのほうがまだ付き合いやすい。

長谷川　ふだんは「お金よりも大事なものがあるはず」と言いながらも、いざ大金が手に入るかもしれないとなると態度が変わるような人は、たしかに人間くさくてそれはそれで正直なのかもしれませんが、やっぱりそれでは尊敬されませんよね。

山　岸　原理を持つというのは、自分の中に一貫した尺度を持って生きるということですが、それは他者との関係性において重要なだけではなく、本人にとっても充実した人生になると思うんですよ。自分は自分なりに生きたぞ、という手応えを得られるじゃないですか。それが本当に幸せなのかどうかは分かりませんけどね。そういう生き方は、これまでの進化の歴史の中にはなかった新しいスタイルでしょうし。

幸福と時間は結びついている

長谷川　山岸先生は前々から「幸せなんか意味がない」とおっしゃっていましたよね。

山　岸　ええ、この対談冒頭でもそのことについてはちょっと触れましたが、これもまたなかなか世の中の人には分かってもらえないことの一つですね。私は「そもそも幸せって何なんだろう」と思うんですよ。たとえば、長谷川先生は動物を観察していて、彼らが幸せを感じているように見えることってありますか。

長谷川　強いて言えば、チンパンジーの子どもの遊んでいるときかな。でも、それを幸せな風景だと見るのは人間側の視点ですからね。動物は抽象的な概念は持てませんから、遊んでいるときにチンパンジーの子どもたちは興奮や楽しさを感じるかもしれませんが、それを幸福な状況として認知しているかというと違うように思います。人間はその楽しい瞬間が過ぎ去ったあとに、それを思い出して幸福さを感じるわけですが、動物にあるのはその場その場の反応ですからね。

前にもお話ししましたが松沢哲郎さんが「チンパンジーは絶望しない」ということを発見なさった。絶望というのは自分の将来を想像するから起きるわけで、それも人間だけに許された感情なんですね。

山　岸　今、おっしゃった視点というのは重要だと思うんです。幸福や絶望といった感情は我々が過去を振り返ったり、未来を想像したりするから生起するのであって、つまり、そこにはかならず時間というものが関わっている。

で、絶望という感覚が「自分の将来には何一ついいことが想像できない」ということから起きるものだとするならば、幸せはどうでしょう。幸せという言葉の定義にもよるでしょうが、私は幸福というのは「もうこれ以上、何も要らない」という充足の感覚と結びついていると思う。そして、それは分かりやすくいえば「時間よ、止まれ」ということですね。

長谷川　たしかに人間が過去のことを思い出して、そこに幸福さを見出すのは「あのときにはすべてがあった」という感情かもしれませんね。言い換えると、そこからは幸せは失われる一方で、いいことは一つもないという感傷がそこにある。あのときのままでいたかったという気持ちが根底にあるでしょうね。

幸福の究極形は「死」？

山　岸　人生の理想像、幸福像はいろいろあるでしょうが、典型的な例を挙げれば、自分が老齢に達したときに子どもや孫に囲まれてにこやかに笑っているというイメージがあると思うんです。でも、それはあくまでも結果であって、それを目指して生きているわけではないし、また、かりにそうなったとしてもそこから何かが始まるというわけではないですよね。つまり、かりに幸福を得られたとしても、それは次の行動へのモチベーションにならない。

長谷川　「私は充足していて最高に幸福だけれども、もっと頑張るぞ！」という人がいたら、やっぱり彼はその幸せには満足していないということになるでしょうね。

山　岸　こういうことを言うから「山岸は空気を読まないやつだ」なんて言われるのかもしれないけれども、生物学的に見たらある個体がゴールを迎えることがあるとすれば、それは繁殖活動が終わって、これ以上することがなくなったときじゃないですかね。

長谷川　たしかに、そこから先はもうモチベーションは必要ないですね。生物にとっての至上命題は自分の遺伝子を残すことですから、繁殖ができなくなった個体は寿命を迎えることになります。

山　岸　まあ、死ぬことが究極の幸福だというのであれば、それはもう幸せを求める必要もないわけですけれどね。黙っていてもみんな死んじゃうわけですから。でも、そうじゃないんですね。

恋愛とギャンブルの共通点

長谷川　慶應大学の心理学専攻で感性や芸術などをテーマに研究している川畑秀明先生によると、ギャンブルの高揚感と恋愛の高揚感は同じだそうですね。

ギャンブルは「次はもっと儲かるかもしれない」と期待するから、ついついのめり込んじゃう。

恋愛もそれと同じで、みんなが恋愛に夢中になるのは「次はもっと良い思いができるかもしれない」という期待感が根底にある。で、そういう感情を起こすのはどちらも快楽物質とも言われるドーパミンなんだそうです。

で、その恋愛関係が夫婦みたいになって安定すると、セロトニンが分泌されて「昨日と同じ状態がいい」という状態になる。この現状維持を求める状態が、満ち足りた幸福ということだそうです。

山　岸　きっと基本的にそうだと思いますよ。ギャンブルで頭に血が上っている状態は夢中ではあっても、幸福ではない。恋愛も似たようなものですね。

長谷川　ギャンブルも恋愛も、幸福感というよりワクワク感ですね。もちろんそれは楽しいんだけど、たしかに幸福のイメージとは違う。幸福な状態だったら、馬券を買ったり、宝くじを買おうとは思わない。報酬を追求しているのだから、何かしら不満があるんです。

山　岸　基本的に、エキサイトメントな状態は幸福ではないんですね。幸福は、円満で物が動かなくて、このままでいいと思える状態。でも、個々の人々がそういう現状維持的な幸福を求めるのは、もちろん自由ですし、私も止める気はありません。ただ、政治課題として幸福を取り扱うのは完全に間違いだと思います。

そもそも、みんなが精神的に満ち足りているかどうかを測る客観的な指標なんかありませんよね。幸福とはあくまでも主観的なものです。

長谷川　客観的な指標があるとしたらドーパミンやセロトニンを測定するくらいでしょうね。

山　岸　脳内物質が重要だったら、みんなが「幸福」な国になるには経済政策や福祉政策なんか必要ない。国民全員に向精神薬を飲ませたほうがずっと簡単ですよね。あるいは宗教でもって洗脳すればいい。

長谷川　そういう結論になっちゃいますよね。

最大幸福社会よりも最小不幸社会

山　岸　でも、そういう国が過去になかったかというと、あることはある。たとえば江戸時代、幕藩体制下に生きていた人々などは不幸を感じることが少なかったかもしれない。というのも、農民の子は農民、商人の子は商人で、武士になろうと思ってもなれるわけではないので自己実現で思い悩むことはない。江戸時代に限らず、階級社会は総じてそんなものですね。

でも、そういう社会に暮らしたいかと問われれば、私は絶対に「ノー」だし、国民に幸福を約束するような政治家には投票したくないですね。

長谷川　そういえばたいていの人は忘れているけれど、民主党政権時代には、菅直人《かんなおと》首相が「最小不幸社会」を政策目標に掲げましたね。

山　岸　私は「最大幸福社会」を追求するのはよくないとは思いますが、「最小不幸社会」は悪くないし、むしろそっちのほうのアプローチのほうが正しいと思います。だって、不幸であるかは数値化できますから。

長谷川　たしかに失業率や生活保護を受けている人の数など、それについては誰もが合意できる指標はいくつも考えられますね。

山　岸　たとえばブータンは「国民総幸福量」を最大にすることを国是として掲げていて、今でも「日本はブータンに学ぶべし」などと言う人たちがいますが、あれもいかがなものか。

長谷川　そもそも幸福は数値化できないから国民総幸福量という概念自体に無理がありますね。

山　岸　ブータンの場合は長らく絶対王政が行なわれていて、一種の鎖国状態にあった。また宗教の力が強いので社会秩序が固定化していた。そういう意味では日本の江戸時代と実は似ているわけですね。

そういうところで「あなた、幸せですか」と聞かれても、他の国と比較ができず、他の生活が想像できなければ、よほどの飢餓や暴政でもないかぎり「まあまあですね」と答えるでしょう。

長谷川　それが統計では「不満なし」とカウントされる。

江戸時代は北朝鮮並みの監視社会だった

山　岸　「日本は美しい国だった」という人たちがよく引き合いに出すのは、幕末維新期に日本を訪れた外国人たちの旅行記です。日本に来た欧米人たちはみんな「日本人は慎み深い、微笑みを絶やさない、喧嘩をしない」と感嘆した、それに比べて今の日本は……というわけですが、この時代の日本人が礼節を守っているのは個人個人の美質ではなくて、社会全体が礼儀を守ることを強制する環境にあったからですよ。

長谷川　家族の中でも上下関係が厳然とある中で、一挙手一投足までルールに縛られていた。それが外国人に向けられただけであるということですか。

山　岸　そうした見た目に騙されないで、日本社会の本質をきちんと見抜いている外国人もたくさんいますよ。たとえば初代駐日総領事になったイギリスのオールコックは江戸幕府との交渉を通じて「日本では交渉事にかならず『スパイ』が立ち会っている。それは外国人を監視するためではなくて、身内を監視するためのものだ」と書いています。

長谷川　いわゆる「目付《めつけ》」ですね。

山　岸　江戸時代の武士たちは忠誠心に満ちているのだと言いますが、実際は誰も忠誠心など信じていない。要職にある者はかならず不正をするものだという前提のもとに目付を置いているわけです。

長谷川　北朝鮮並みの監視社会ですね。

日本ははたして「美しい国」だったのか

山　岸　もう一つ付け加えておけば、こうした外国人たちの旅行記には「日本ぐらい清潔な国はない」と書いてあると言われるわけですが、それも間違いですね。たしかに同時代のパリやロンドンに比べれば、江戸や大坂、あるいは城下町は清潔でした。しかし、それはあくまでも都市の比較の話で、田舎に行ったらそんなことはない。

長谷川　外国人もびっくりするくらい不潔だった？

山　岸　まさしくそうです。イギリス人の女性旅行家イザベラ・バードは明治十一年に、北は北海道から南は大阪までを旅して回っています。その当時はまだ鉄道がありませんから、もちろん自分の足か馬で行くしかなく、その途中で山村に泊まることも珍しくなかったわけですが、ロッキー山脈の奥まで探検したりしているベテラン旅行者のバードでさえ、日本の庶民の不潔さには我慢ができなかった。宿の布団には信じられないほどのノミがいるし、庶民は衣服を洗濯していないので恐ろしく汚いなどと書いています。

長谷川　明治に入ってもそんな状態だったんですか。

山　岸　彼女の旅行記は『日本奥地紀行』として訳されていますが、それを読むと明治の日本はけっして「美しい国」とは言えないというのがよく分かりますよ。

話が脇に逸れましたが、江戸時代はけっして幸福な社会でもない。むしろ、不幸のほうが多かった。

福澤諭吉《ふくざわゆきち》の自伝（『福翁自伝《ふくおうじでん》』）で私は忘れられない箇所があるんですよ。それは福澤が「門閥《もんばつ》制度は親の敵《かたき》だ」と言うところ。親の世代は固定した制度に閉じ込められて、何もできなかった。彼は、それが許せなかった。

でも、なぜ彼はそう思ったかというと学問をしたので、地球には日本とは違う世界があることを知ったからですね。自分がやりたいことがあれば、武士の子どもでも農民の子どもでも好きな仕事を選べる社会があるほうがいいんです。

もちろん、最初から身分が決まっている社会のほうが生きていくのには楽ですよ。自分の進路に悩むこともないし、別の人生があったんじゃないかと悩むこともない。でも、それでは何の進歩も発展もない社会になってしまう。

安心社会と信頼社会

長谷川　幸福と同じように誤解されているのが、安心という概念ですよね。山岸先生は安心社会と信頼社会というテーマについてもいくつも本を書かれています。

そこでの安心社会というのは要するに閉ざされた社会空間の中で、相互監視が行なわれているから誰も悪いことができないだけのことで、それぞれの人間の中に規範があるわけではない。だから相互監視が効かないことが分かるといくらでも堕落してしまうというわけですよね。要するに安心社会というのはそんなに安心ではない。

山　岸　江戸時代の農村などはまさに安心社会の典型ですからね。

オールコックの話にもあるように、武家社会も相互監視の世界だった。日本人のモラルの高さは、志の高潔さなどによるものではなく、そうしないと自分の属した社会から爪弾きにあう。それが怖いから行儀良くしていただけのことです。そう理解しないと、その後の日本人のモラルが急に低くなるのが説明できません。

でも、そうは言っても最小限の安心が用意されていないのでは、生きていくのが大変です。最低限の生活を保障することや、失敗しても再挑戦の場を用意することなどは提供されるべきです。

長谷川　それには信頼社会の構築が必要だというのが山岸先生の指摘ですよね。安心はゼロで、すべてが自己責任であるというのでは困るわけで、安心に代わる「信頼」のネットワークが必要だというお話でしたね。

山　岸　やっぱり自分がセキュアである、守られているという感覚があればこそ、ちょっと冒険してみようという気にもなるものです。

守られているから冒険もできる

山岸　アメリカの心理学者ハリー・ハーロウが一九五〇年代に行なったアカゲザルの実験でも、子ザルが親離れをして、同年代のサルたちのコミュニティに入るためには——矛盾のように聞こえるかもしれませんが——母親の存在が重要であるということが明らかにされています。

ハーロウの代理母実験はサルの赤ん坊も愛情なくしては育たないことを示した

当時の心理学の「常識」では、母親の過保護は子どもを縛るものであり、親はなるべく子どもと距離を置かないといけないとされていました。日本の読者には極論に聞こえるかもしれませんが、子どもにとって必要なのは授乳だけで、それ以外の無用な接触はむしろ子どもの健全な独立心の発露を損なうというわけです。

長谷川　アメリカでは今でも赤ちゃんは別の部屋で寝かせるのが一般的ですが、これはそうした思想の影響ですね。

山　岸　で、ハーロウは本当に愛情は必要ないのかということを調べるために、アカゲザルの子どもを使って実験をしました。それは布で作った母ザルの人形と、針金でこしらえた人形のどちらを子ザルは選ぶかというものでした。

長谷川　いわゆる代理母実験ですね。

山　岸　布製と針金製の代理母にはそれぞれ哺乳瓶が取り付けられていて、ともに電球の熱で温められています。「育児には愛情は必要がない」という当時の理論からすると、子ザルに必要なのは哺乳瓶であって、だから母親は針金であってもかまわないはずだった。しかし、実際に子ザルが選んだのは針金の代理母ではなく、布の代理母のほうだったし、しかも針金の代理母を与えられた子ザルのほうはきちんと育たなかった。

長谷川　子ザルが求めていたのは体温や栄養だけではなかった。スキンシップも必要だった。念のために補足しておくと、さすがに今ではこんな動物実験はとても許されていません。ハーロウの実験についても当時から相当な批判がありました。

山　岸　いくらサルであろうと、あまりにも残酷な実験ですからね。でも、当時のアメリカでは実際、こういう理論に従った「合理的な子育て」が行なわれていたのも事実なんです。

で、子ザルの発育にとっては単に栄養を与えるだけではなくて、愛情もなくてはいけないことを証明しただけでなく、子ザルを広い遊び場に置いたとき、布の代理母がそこにいる場合と、針金の代理母の場合とでは子どもの行動に違いがあることを発見しました。

つまり、たとえ布であっても子ザルに安心を与える代理母がいる場合、子ザルはおずおずとではあるけれども未知の空間を探索に出ようとする。もちろん、ちょっと遊ぶとまた代理母にしがみつくのですが、それでも子ザルは外界に興味を持つ。一方、針金の代理母の場合はどうかというと、たとえ針金の代理母からミルクを飲むのに慣れていた子ザルでも未知の空間におびえきってしまい、代理母に背を向けて、壁に向いてうずくまってしまいました。

長谷川　子どもが冒険的な行動に出られるのは「守られている」という感覚、安全であるという感覚があるからだということですね。

山　岸　こういう話をすると、「だから国民には政府の庇護《ひご》が必要なんだ」と我田引水《がでんいんすい》する人が出てきそうで困るのですが、そういうことではありません。実際、ハーロウは、子どもが探究心や冒険心を発揮できるような環境が、子ザル同士のコミュニティや群れの中に入っていこうとする発達の次の段階につながっていくのだということを示しているんです。

長谷川　親離れとは、自分で人間関係を作っていけるようになることと定義できるかもしれませんね。

山　岸　グローバリゼーションによってコミュニティが壊され、人間関係が希薄になるんだと言う人がいますが、私は逆だと思います。むしろ、新しい人間関係を構築する絶好のチャンスがそこにあると思うわけです。

人間関係が煩わしかった「三丁目の夕日」の時代

長谷川　そこで話を戻すと、今の日本では「昔のほうが幸福だった」と思っている人が増えているんでしょうか。

山　岸　それはなかなか答えがむずかしくて、生活満足度という点で言うと日本は昔から満足度は低い傾向にあるんです。

長谷川　昔から「昔はよかった」と思っているのかしら。

山　岸　まあ、そういうノスタルジーはどこの社会、どの時代にも多かれ少なかれあるのでしょうが、やっぱり「ＡＬＷＡＹＳ　三丁目の夕日」のような映画がヒットしたりするのを見ると、昔の日本人のほうが幸福だったという人は少なくないんでしょうね。

長谷川　私は東京育ちで、その当時を多少知っていますが、言わせてもらえれば、映画や漫画に出てくるような「美しき日本」なんてどこにもなかったですよ。

あの当時はとにかく人とのつながりが煩わしい時代でしたね。今のようにマンション生活で、隣の人が何をやっているか分からないのとは正反対に、近所づきあいが濃い。隣のおばさんなんか私の顔を見るたんびに「お見合いをしろ」とうるさいし、結婚したらしたで「子どもはまだか」と余計なお世話ばっかり（笑）。まあ、そういうお節介がいたからみんな結婚したのかもしれませんが、プライバシーなんかありゃしない。私の個人的な感想ですが、本当に人間関係がうっとうしい社会でしたね。

山　岸　そういう社会では原理原則で生きることは許されないんですよね。「私はこういう生き方をしたいんだ」と思っていても、そうすると変人扱いされて、「世間並みにしろ」と言われるわけです。

実際のところ、もはや都会には長屋もないし、社宅も減った。マンション生活が当たり前になっているのですから、昔と同じ社会に戻れるはずもない。にもかかわらず、古い社会で適応的だった生き方を今でも倫理的に正しいと思い込んでいる人が多いんですね。

長谷川　そんなノスタルジックな話を大人がするものだから、若い人たちはそれを真に受けて「正社員になりたい」と思ったりするのかもしれませんね。

「三丁目の夕日」的な社会では、自分の意見を主張したりするのは好まれない。みんなが好きな「巨人、大鵬《たいほう》、卵焼き」に自分も調子を合わせて、波風立てないように平凡な人生を生きていくのが理想なんでしょう。そういう人生を送りたいと思うのは自由ですが、しょせんそれは夢物語ですね。

本当はそんな夢はもう捨てたほうがいい。自分はどういう種類の人間かという旗幟《きし》を鮮明にして、お互いにそれを理解し、ぶつかり合いながらも一緒に何かをやっていくという生き方を選んだほうがいいんですよ。

山　岸　たしかに衝突したり、議論するのは面倒なことです。でも、そうしないかぎり、本当の意味の仲間＝味方は増えないということを知ってほしいですね。

お説教よりも制度構築を

長谷川　でも、それは彼ら若者たちの責任というよりも、親や学校の先生たちといった周囲の大人たちの責任ですよね。

正社員になるためには、いい内申書をもらって推薦で良い大学に入る。で、みんなで同じ真っ黒けの服を着て、一斉に就活をして回る。正直、見ていられません。「もう止めてよ」と言いたくなりますね。

山　岸　おそらく多くの若者は、本当にそんなことをしたいわけではないんでしょうね。でも、「自分にはそれ以外できない」と思わされている。それ以外に生き方の選択肢がないと感じている。

しかも、悪いことにそれはある意味で正しい。労働マーケットがちゃんと整備されていない現状では、そうなるのも無理はないんです。セーフティネットがないから、万が一、失敗したときに再挑戦のチャンスを与えられないと思うから、正社員にこだわる。

だから彼らに「もっと冒険心を持ちなさい」とかお説教をしてもそれはまったく意味がない。

大人がやるべきは、そうした冒険ができるような社会を作ることです。

長谷川　今だって本当は、しっかりと自分なりのやり方を持っていて、他の人と違うメリットを表現できる人は正社員にならなくとも、良い職場で働けて、ヘッド・ハンティングでもっといいポジションに移ったりもしていると思うんです。でも、今の日本ではそれをやるためのハードルがあまりにも高いので、みんな最初から諦めてしまうんですよね。

結婚して子どもを持つことにも、似たような側面があります。

子どもを育てるには最低でも年収何百万円は必要だとか、保育所が足りないから時間的に厳しいとか、近所に手伝ってくれる人がいないとか、そういうネガティブな情報だけはたくさんあるので、みんなものすごくハードルが高いと感じているんですね。だから、子どもが欲しくても踏み切れない。

もちろん実際に働きながら子育てしようとしても、保育所が足りないというのは事実です。でも、今よりももっと貧乏な時代に四人も五人も産んで育てられたことを考えると、子育てはそこまでハードルは高くないかもしれない。少なくとも「何百万の収入がないと育てられない」という話は大袈裟すぎると思うんです。

それにいったん生まれた赤ちゃんを、周囲の人たちだってそんなに無下にもできないはずですよ（笑）。本当はどうにかなるのかもしれません。

でも、そういうふうには考えられないから、「自分には無理だ」と思ってしまうんでしょうね。

山岸　そうなんですよね。あまりにも思い込みが強いから、なかなか別の観点から見ることができない。そんなふうに思い込んでしまうのも、やはり進化的な基盤を持つ「心のクセ」みたいなものなのだろうと思います。だからこそ、物事を直観だけで判断するのではなく、社会科学の知見を踏まえてちゃんと考えることが大事なんですよ。

私たちの心は、身体から切り離されて抽象的に存在しているわけではありません。それは、脳という臓器が人間を特定の行動に向かわせるための手段にすぎないんですね。「心」というものをそういう形でとらえ直すだけでも、ずいぶんいろいろな「常識」を疑えるようになるのではないでしょうか。

長谷川　社会全体のシステムを変えるには、そうやって常識を疑える人を地道に増やしていくしかないのかもしれませんね。

山岸　そういう人たちが一つのコアを形成して、社会変革の原動力になってくれるのを期待したいし、実際にこれから日本の社会はどんどんいい方向に変わっていくのだと信じています。

あとがき

社会心理学者の山岸俊男先生とは、もう二〇年以上も前にお知り合いになりました。以来ずっと、とても大切な研究者仲間として、公私ともにおつきあいが続いています。

今回、山岸先生から対談のお話があり、喜んでお引き受けしました。私たちは波長が合うので、話がどんどん進んでいくのですが、これを編集する方々はずいぶん苦労をされたことと思います。

本書では、人間の社会と社会関係、とくに現代の日本について、多岐にわたる事柄を取り上げています、また、山岸先生は社会心理学の分野で、私は進化生物学、行動生態学の分野で研究してきました。語ろうとする対象も広く、語っている私たちのバックグラウンドも異なるのですが、すべての内容には二つの共通する軸が通っています。

その一つは、「進化で作られた人間の性質を出発点にする」という理解です。

私たち人間は、理性を働かせていろいろな問題を解決することができます。自分を意識し、自己を内省することもできます。他人の心の状態を類推し、同情・共感することもできます。

時間の概念を持ち、未来を想像することもできます。人間にとって、これはみな当たり前のことで、誰もが一生懸命、これらの能力を駆使して生活しています。

これらの能力はすべてヒトの脳が生み出しているのですが、ヒトの脳は、実のところ、万能の計算機ではありません。

ヒトの脳も、ヒトの肺や筋肉や眼と同様、ヒトという動物の進化の過程でつくられました。ヒトの肺や筋肉や眼などの機能が万能でないのと同じく、ヒトの脳も万能ではありません。ヒトという動物が進化してきた環境で重要だった情報を処理し、ヒトという動物が暮らしていくのに適応的な「こころ」の働きをするようにバイアスがかかった内臓の一つなのです。それは、ヒトの眼が「可視光線」と呼ばれる波長領域の電磁波しか認識することができず、紫外線や赤外線は見えないのと同じです。

しかし、多くの人々は、このことに気づいていません。さらに重要なのは、高度に文明が進んだ現代の社会が、ヒトという動物が進化してきた舞台であった環境とは大きく違ってしまっているということです。このことも、多くの人々は気づいていません。

ヒトは小規模な集団を作り、狩猟採集で食物を得ながら暮らしてきました。しかし、およそ一万年前に農業と牧畜が発明され、定住生活が始まりました。やがて大きな都市文明が始まり、一九世紀には産業革命が起き、二つの世界大戦をはさんで、科学技術文明が急速に発展しました。

今や私たちの食料事情、経済事情も、社会システムも、政治体制も、狩猟採集民だったころとはまったく違います。でも、私たちの脳は、このペースに追いつくように、リアルタイムで進化してはいません。この何もかも変わってしまった現代環境においても、昔のままの脳とからだで対応しているのです。

ヒトは、進化的には、毎日たくさんからだを動かし、栄養バランスはよいものの、カロリーの面ではかつかつの暮らしをしてきました。私たちのからだは、そのような環境に適応しています。そこで、現代の飽食の世界では、肥満やメタボに悩まされたり、糖尿病のリスクが上がったりしています。これは、からだと現代環境とのミスマッチです。

それと同じように、ヒトは、進化の舞台とはかなり変わってしまった社会に暮らしているので、脳やこころのはたらきにも、無理がかかっているに違いありません。でも、そのことはあまり知られていません。私たちは、「進化で作られた人間の性質」を軸に、現代社会のさまざまな問題を考えてみました。

本書を貫くもう一つの軸は、「ヒトは社会システムの中で動いている」という認識です。これこそ、本書第1章のタイトルにある「お説教では変わらない」が意味するところです。ヒトは、自分自身に「こころ」があり、その「こころ」によっていろいろなことを感じたり考えたりしていることを承知しています。それだからでしょうか、他人が望ましくないことをしていたり、社会がうまく動いていなかったりするのを見ると、ついつい、あの人たちの「こころ」が悪いのだというように考えてしまいます。

しかし、人々の「こころ」は、周囲の状況や他の人々の振る舞いなどとは独立に動いているのではありません。

個々の人々の「こころ」は、自分が置かれている社会の状況を感知し、他者がどう思っているだろうかということを思いながら動いています。つまり、「こころ」は、「こころ」どうしが作る社会システムの中で複雑に相互作用しながら動いているのです。

ですから、何か望ましくないことが起こっているとき、その多くは、人々の個々の「こころ」の問題と言うよりは、「こころ」がそのように動くようにさせている社会システムの問題なのです。もちろん、個々の人々の「こころ」も大切ですが、人々をそのように行動させているシステムについて、まずは詳細に考えてみるべきだと私たちは思います。

ヒトが狩猟採集民として進化し、脳はその時代のバイアスをいまだに持ちながら働いています。しかし、だからと言って、昔の時代に戻ることはできません。また、社会システムが人々にある種の行動を採らせているのだと言っても、個人に行動の責任がないわけではありません。そうではなくて、ヒトの進化史を知り、ヒトが社会システムの中でどう振る舞うのかについて知っていれば、現代の社会がかかえるさまざまな問題の解決に、大いに役立つと思うのです。そのような視点をより多くの人々にアピールするために、私たちは本書を計画しました。

冒頭にも書きましたが、私たちの楽しい放談を、読める形にまとめるという難業を成し遂げてくださいました、集英社インターナショナルの佐藤眞氏および編集部のみなさまに感謝いたします。本書を楽しみながら、新しい視点で社会について考えていただければ幸いです。

二〇一六年一一月

長谷川眞理子

長谷川眞理子（はせがわまりこ）

1952年、東京生まれ。行動生態学、進化生物学者。東京大学理学部生物学科卒業、同大大学院理学系研究科人類学専攻博士課程単位取得退学、同理学博士。タンザニア野生動物局、東京大学理学部人類学教室助手、専修大学助教授・教授、イェール大学人類学部客員准教授、早稲田大学政治経済学部教授を経て現在は総合研究大学院大学教授（先導科学研究科）。野生のチンパンジー、イギリスのダマジカ、野生ヒツジ、スリランカのクジャクなどの研究を行なってきた。最近は人間の進化と適応の研究を行なっている。夫の壽一も行動生態学、進化心理学者（東大教授）。

著書に『クジャクの雄はなぜ美しい？』（紀伊國屋書店）、『生き物をめぐる4つの「なぜ」』（集英社新書）、共著に『進化と人間行動』（長谷川壽一、東京大学出版会）などがある。

山岸俊男（やまぎしとしお）

1948年、愛知県生まれ。社会心理学者。一橋大学社会学部卒業、同大大学院社会学研究科を経て、ワシントン大学で博士号を取得。ワシントン大学助教授、北海道大学教授、玉川大学教授などを歴任。現在は一橋大学国際経営戦略研究科特任教授。北海道大学名誉教授、文化功労者。社会的ジレンマや利他行動（互恵性）についての実験研究を通して、自然科学と対話可能な社会科学の構築に努めている。

著書に『信頼の構造』（東京大学出版会）、『安心社会から信頼社会へ』（中公新書）、『日本の「安心」はなぜ消えたか』（集英社インターナショナル）、共著に『リスクに背を向ける日本人』（メアリー・ブリントン、講談社現代新書）などがある。

きずなと思《おも》いやりが日本《にほん》をダメにする
最新進化学《さいしんしんかがく》が解《と》き明《あ》かす「心《こころ》と社会《しゃかい》」

2016年12月20日　第一刷発行
2019年 7 月27日　第三刷発行

著者　長谷川眞理子《はせがわまりこ》
　　　山岸俊男《やまぎしとしお》
発行者　手島裕明
発行所　株式会社集英社インターナショナル
〒101-0064 東京都千代田区神田猿楽町 1-5-18
電話 03(5211)2632
発売所　株式会社集英社
〒101-8050 東京都千代田区一ツ橋 2-5-10
電話　読者係 03(3230)6080
　　　販売部 03(3230)6393(書店専用)
プリプレス　株式会社昭和ブライト
印刷所　三晃印刷株式会社
製本所　ナショナル製本協同組合

定価はカバーに表示してあります。

Printed in Japan ISBN978-4-7976-7332-6 C0036